Illustration of Beauty

일러스트레이션 오브 뷰티

메디시인

머리말

뷰티 일러스트레이션은 뷰티와 일러스트를 결합한 미용전공자를 위한 실용학문 분야입니다. 뷰티 일러스트레이션은 메이크업, 헤어, 네일, 패션 등 다양한 뷰티 관련 주제를 그림으로 표현하는 작업이며, 다양한 재료와 기법으로 여러가지 스타일과 테마를 표현할 수 있습니다.

이 책은 뷰티 일러스트레이션의 기초부터 실용에 이르기까지 다루고 있습니다. 책의 첫 부분에서는 미용 일러스트레이션의 역사와 특징, 그리고 필요한 도구와 재료에 대해 소개하였습니다.

두 번째 부분에서는 인체의 비례와 구조, 얼굴과 표정, 피부와 모발, 의상과 액세서리 등 뷰티 일러스트레이션의 주요 기본 요소들에 대해 자세히 설명하고 방법을 안내하였습니다.

세 번째 부분에서는 다양한 스타일과 이미지에 따른 뷰티 일러스트레이션의 사례, 얼굴과 헤어의 영역뿐만 아니라 아트 메이크업과 바디 페인팅의 기초 일러스트레이션까지 실습이 가능하도록 구성되었습니다.

교수자와 학습자를 위해 15주차에 해당하는 커리큘럼 사례와 전공자들을 위한 실습서의 기능까지 함께 할 수 있도록 하였습니다.

이 책을 통해 여러분들이 뷰티 일러스트레이션의 재미와 매력을 느끼고, 자신만의 개성과 스타일을 발전시켜서 뷰티 전공자로서의 전문성까지 함양할 수 있기를 바랍니다.

모쪼록 여러분들이 훌륭한 뷰티아티스트로 성장하는데, 이 책이 도움이 되길 기대하며, 필자들은 여러분들을 응원하겠습니다.

끝으로 이 책이 출판될 수 있도록 많은 도움을 주신 ㈜지구문화 메디시언의 주민기 이사님, 최성만 과장님, 이서연 디자이너에게 깊은 감사를 드립니다.

계묘년 성하에

저자 일동

차례

Contents

차례

Contents

Chapter 1 뷰티일러스트의 이해

Weeks 1 뷰티일러스트와 선

Weeks 1

뷰티 일러스트와 선

1. 일러스트레이션(Illustration)

1. 일러스트의 정의

일러스트레이션의 어원은 'to make light'로 '빛을 부여하다', '조명하다', '밝게하다', '분명하게 하다'의 뜻으로 감정이나 사상을 시각화하여 설명을 위한 그림, 장식을 위한 그림으로 사람들을 통해 명철하게 해명한다는 의미를 담고 있다.

일러스트레이션(Illustration)의 사전적 의미는 동사인 Illustrate로 '설명하다', '예증하다', '삽화를 넣다' 등의 뜻을 가지며, 삽화, 실예, 보기 등으로 설명할 수 있다. 즉, 일러스트레이션은 의미를 분명하게 하며, 전달할 메시지를 시각적으로 표현하는 시각예술이라 할 수 있다. 일러스트레이션은 정확한 개념 정리가 되기 전까지 회화 속에 포함된 일부분으로 다루었다. 하지만 산업화로 복제기술이 발달하면서 인쇄술의 영향으로 텍스트와 결합된 미술인 실용미술(Applied Arts)로 인정받으면서 순수미술(Fine Arts)과 구분되어 졌다.

일러스트레이션의 범위는 넓은 의미로 회화나 사진, 도표, 도형 등의 시각화된 모든 것을 가리키지만, 좁은 의미로는 핸드 드로잉에 의한 그림으로서 신문 , 잡지, 광고물 등과 같은 대중매체를 통해 복제되어 전달되는 것을 일컫는다.

일러스트레이션의 장점은 사진으로 표현할 수 없는 한계를 작가의 관점에서 작가의 개성과 경험을 토대로 시각적인 설명을 넘어서 표현할 수 있다는 것과 대중들로 하여금 상상의 폭을 넓혀주고 흥미를 유발시켜 새로운 관점으로 볼 수 있게 해주는데 있다.

이처럼 일러스트레이션은 사회예술로 대중과 예술을 연결하는 그림이며 대중을 위한 커뮤니케이션 예술로 현대 산업사회에 필수적인 조형수단이라 할 수 있다.

최근 일러스트레이션은 광고, 사진, TV, 컴퓨터, 무대미술, 미용, 패션, 애니메이션, 캐릭터디자인 등 많은 분야로 확장되고 있으며 세분화, 전문화되어지고 있다. 또한 정보의 역할을 넘어 상업적인 목적뿐만 아니라 그 자체로서 예술작품으로 인정받고 있다.

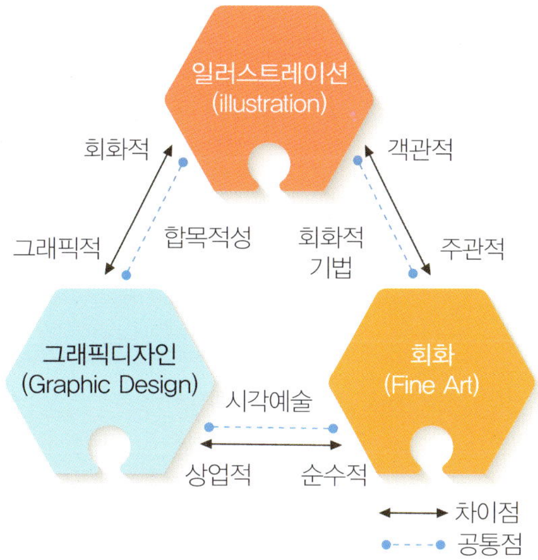

〈출처 : 권옥주(2010) "헤어일러스트레이션의 美容敎育 改善에 관한 硏究", 경원대학교 경영대학원 석사학위논문 p6.〉

2. 일러스트의 역사

일러스트레이션의 역사는 원시시대의 미술과 시각적 기록으로부터 시작되었다. 이 시기의 일러스트레이션은 인류에 있어 삶을 위한 자기 표현수단이며 서로에게 메시지를 알리기 위한 신호였다. 또한 주술적인 수렵활동의 모습을 중심으로 표현함으로써 기원의 메시지와 기록을 벽화를 통해 표현한 것이라고 볼 수 있다.

원시시대의 대표적인 일러스트레이션으로 남부 프랑스와 스페인 동굴 안에서 발견된 동굴벽화가 있다. 이 중 스페인의 알타미라의 동굴벽화는 당시 농경사회에 중요한 대상이었던 소를 검정, 빨강, 노랑, 갈색 등을 사용하여 형상화하였는데 이는 수렵을 기념하고 수확을 기원하는 종교적 목적을 담고 있다. 이 밖에도 이 시기의 동굴벽화는 주로 말, 멧돼지, 사슴 등과 같은 동물을 위주로 그렸으며 사람의 표현은 거의 살펴볼 수 없었다.

이러한 동굴벽화를 그리기 위해서는 주로 날카로운 돌이나 갈대 등을 사용하였는데 이 중 가느다란 갈대 대롱을 이용하여 물감을 뿜어 그리는 기법이 사용되었고 이것은 현대의 에어브러시 기법의 원형이 되었다.

그 이후 일러스트레이션은 고대와 중세를 거치면서 점차 발전되기 시작하였는데, 대표적으로 로마네스크 대사원의 스테인 글라스(Stained Glass)와 비잔틴 사원의 모자이크, 그리고 '돌의 성서'라고 불리는 고딕사원이 있다. 특히 고딕양식의 대표라고 할 수 있는 스테인드 글라스(Stained Glass)는 여러 빛깔의 유리 조각을 H자형 납테에 끼워, 창문 전체에 광선이 비추어 사원 내부를 아름답게 표현할 수 있었다. 또한 사본장식(寫本裝飾)의 삽화인 미니어처(Miniature)는 로마네스크 회화나 비잔틴 양식의 영향을 받아 인간상을 자연의 모습에 가깝게 해서, 인간적 감정의 분명한 모습을 그려내어 그림언어로 전해지고 있다.

한편 현존하는 책이나 문서에 그려진 삽화로는 B.C 1900년경 고대 이집트의 파피루스의 '사자의 서'가 있다. 지중해 습지에서 나는 풀인 파피루스의 줄기의 껍질을 벗겨 속을 가늘게 찢어 말려 다시 매끄럽게 하여 종이를 만들어 그 당시의 인간들의 삶과 신들의 이야기를 글과 삽화로 표현하였다. 당시의 일러스트레이션은 필사본으로 제작되었으므로 한 권을 만드는 데 노력과 시간이 많이 들었다. 따라서 대량 생산을 하기엔 한계가 있었고, 희소성이 강할 수 밖에 없었다.

동양에서는 6세기 경 중국의 수나라에서 당나라에 이르기까지 기술과 재료가 발전되면서 목판을 이용한 다수의 문서가 인쇄되었다. 목판인쇄를 하기 위해서는 잉크가 사용되는데 이 잉크는 지금의 먹물과 비슷한 것으로 추정하고 있다. 이러한 가공기술은 주로 중국, 한국, 일본에서 사용되었는데 목판이나 청동판은 가공기술이 어려워서 넓게 전파되지 못하고, 중세 유럽에서는 대부분 문서를 손으로 작성하였다.

우리나라의 인쇄술은 고려시대 제작된 세계 최초의 금속활자로 일명 증도가자(證道歌字)가 있고 1377년에 간행된 《직지심체요절》이 있다. 이 책은 현재 남아 있는 것 가운데 세계에서 가장 오래된 금속활자본으로 프랑스 국립도서관에 보존되어 있다.

유럽의 인쇄술을 살펴보면 우리나라보다 200년이나 지난 1455년 독일의 구텐베르그가 금속활자를 사용하여 활판 인쇄기술을 발명하였다. 그는 인쇄기술, 잉크 등을 개발하고 포도주의 혼합기를 개조한 인쇄기를 제작하여 대량인쇄를 하였는데 주로 성서를 인쇄하였다.

그 후 활판인쇄술의 발명에 따라 초기에는 단순한 그림이나 표에 지나지 않았던 일러스트레이션은 점차 성서 등의 글을 꾸미는 삽화로써 예술적으로 발전하였다.

16세기 르네상스시대에는 금속판을 이용한 판화기법이 개발되었다. 금속판에 견고한 음각을 이용하여 이미지를 표현하였고 이는 현대의 지폐에도 응용되었다. 나아가 사실적인 인물화나 지도제작, 자연과학에 응용되는 이미지 등 그 영역이 확산되면서 판화기법의 일러스트레이션이 황금기를 맞이하였다.

17세기 중반에는 에드먼드 에반스(Edmund Evans)와 케이트 그린어웨이(Kate Greenaway)등의 화가들이 다색공판법을 고안하여 '장난감' 책에 삽화를 그리면서 그림에 색채의 도입방법을 사용하였다. 이 방법은 처음에는 색채를 넣는 과정이 익숙하지 않아 많은 시간과 비용의 소모가 컸지만, 산업혁명 이후 과학의 발달로 염료와 안료가 발전하면서 다양한 색채를 사용할 수 있게 되었다. 나아가 망판을 이용해 여러 색채의 잉크를 겹쳐 인쇄하는 기술이 발전하면서 본래의 작품이 갖는 색채를 그대로 재현할 수 있는 기술을 사용할 수 있게 되었다.

이러한 발전은 경제 성장과 더불어 질 좋은 인쇄물을 빠르게 대량 출판할 수 있게 되었고 출판시장이 확대될 수 있었다. 하지만 1880년대 인쇄된 책에 사진이 처음 등장하면서 삽화의 존재가 약해지자 일러스트레이션은 사진보다 더 극사실적인 표현법이나 리얼리즘과는 거리가 먼 스타일을 표현하면서 사진과 일러스트레이션은 다른 방식으로 양대 산맥을 형성하였다.

19세기는 근대 미술의 황금기로 다양한 양식과 더불어 새로운 표현기법들이 나타났다. 이 시기의 일러스트레이션의 특성을 가장 잘 보여주는 작품들은 오트렉의 석판화(Lithograph) 기법으로 된 일련의 포스터들이 있다. 19세기에서 20세기 과도기에는 새로운 예술을 뜻하는 미술사조인 아르누보(Art nouveau)가 있다. 아르누보는 선과 색채, 면과 형태라는 근대적 조형문법과 더불어 또 하나의 장식성이라는 신텍스를 부여하면서 19세기에서는 볼 수 없었던 새로운 표현양식을 전개하였다. 꽃, 넝쿨 등 식물의 부드러운 곡선을 물이 흐르듯 유기적인 선들로 장식화하고 교차함으로써 탐미적이고 관능적인 예술미를 부여하였다. 대표적인 일러스트레이션 작품으로는 비어즐리(Awbery Beardsley, 1872~1898)의 작품을 손꼽을 수 있다.

20세기 초기부터 중반까지 아카데믹한 드로잉을 바탕으로 한 조형의 원칙을 지키는 빅토리아 풍의 표현방법이 사용되었고 가장 대표적인 일러스트레이션은 영국의 렉캄이 작업한 실루엣 일러스트레이션이다.

그 후 세계대전을 전후로 아방가르드(avant-garde) 화가들의 표현 방법들은 텍스트와 함께 그려져야 한다는 기존의 일러스트레이션의 서술구조의 한계를 없애고 일러스트레이션이 독자적인 예술로서 인정받게 되는 기초를 만들어 주었다. 이는 일러스트레이션의 이미지가 문자보다 의미전달의 역할을 담당하기에 충분한 영향력을 가진 것임을 확인하게 만들어 주었다.

이처럼 일러스트레이션은 시사 분야의 정보전달 역할뿐만 아니라 그 자체로서의 예술성도 갖게 되어 목적 없는 순수 일러스트레이션으로 발전하면서 하나의 예술 장르(Genre)로 인정받게 되었다. 또한 현대 미술의 재료와 기법과 더불어 붓의 터치나 선의 사용, 색채와 텍스츄어(Texture), 오브제(Objet)의 도입 등과 같은 다양한 표현방식, 그리고 에어 브러시나 컴퓨터 그래픽 등을 통해 디자인과 광고분야에서 사용되었다.

21세기의 일러스트레이션은 2D뿐만 아니라 3D, 가상공간, 그리고 조명의 역할까지 포함하면서 훨씬 더 화려하고 광범위한 창작영역에서 사용되는 예술 장르로 인정받고 있다. 나아가 빛의 예술인 애니메이션은 일러스트레이션의 영역을 또 한 번 확대시켰고, TV의 일반화로 일러스트레이션의 영역은 더욱 더 발전하게 되었다.

3. 일러스트의 종류

(1) 영역에 의한 분류

① 출판 일러스트레이션

좁은 의미로 잡지나 신문 등에 글과 함께 들어가는 그림을 말하며 넓은 의미로는 책의 표지나 본문에 들어가는 그림을 말한다. 출판 일러스트레이션은 회화처럼 작품으로 인정되며 작가의 서명을 넣을 수 있는 특징을 가지고 있다.

최근에는 온라인 출판이 생겨나며 웹툰이나 웹 소설에 사용되는 일러스트레이션 등이 등장하고 있다.

② 광고 일러스트레이션

소비자들을 위해 창조된 상품 이미지, 또는 서비스 판매를 위해 만들어진 그림을 말하며 신문이나 잡지 같은 곳에 광고하고자 하는 주제를 시각화시킨 그림을 말한다. 넓은 의미로는 공공(공익) 일러스트레이션도 포함된다.

③ 제품 일러스트레이션

문구류나 팬시, 패키지 등을 위한 그림을 말한다.

(2) 목적에 의한 분류

① 책표지 일러스트레이션

소설이나 수필, 일반 서적 등의 표지를 위한 그림으로 독자들에게 책의 분위기를 예고하고 독자의 흥미를 이끌어내는 기능을 갖는다.

② 어린이 그림책 일러스트레이션

글자를 읽을 줄 모르는 어린이의 시각에서 이해하고 상상력과 사고력을 증대시키기 위한 교육적 목적으로 사용되는 그림이다.

③ 테크니컬 일러스트레이션

광고 일러스트레이션에 속하며 제품이나 기계의 구조나 원리를 그리거나 인체 내부를 설명하기 위한 도감, 동식물 도감류, 지형도, 도표 등을 그려 이해시키고자 하는 그림이다.

④ 만화 일러스트레이션

코믹(Comic)이라고 하는 만화는 재미있는 말이나 비평, 아이디어 등을 드로잉을 통해 표현하는 그림으로 시사만화, 연재만화, 만화책, 만평이 있다. 특히 시사만화는 비유를 통해 세상을 풍자하거나 권력자들의 비리를 비판하는 일러스트를 통해 서민들의 아픔을 대변하기도 한다.

⑤ 캐릭터, 캐리커처 일러스트레이션

캐릭터는 만화나 애니메이션, 영화, 게임 등에서 나타난 창조적인 '가공의 인물, 동물, 의인화된 동물을 일러스트레이션 등으로 시각화한 것'을 의미한다.

캐리커처는 이탈리아어 'Caricare'에서 온 것으로 인물이나 의인화된 동·식물을 주제로 특정 요소나 신체의 일부를 우스꽝스럽게 과장하거나 괴상하게 그려 유머, 익살, 풍자 등의 효과를 노린 그림이다.

⑥ 애니메이션 일러스트레이션

TV/Film 일러스트레이션은 움직임의 예술 장르이다. 일반적으로 애니메이션을 지칭하는 것이지만, 움직임이 없는 무생물적인 존재를 여러 번에 걸쳐 변형시킴으로써 생명력 있게 움직이는 것 같은 착각을 일으키도록 하는 그림을 말한다.

⑦ 포스터 일러스트레이션

포스터는 장차 이벤트의 개척이나 어떠한 흥미 있는 것에 대해 대중의 주의를 환기할 목적으로 정보를 발표하기 위해 주제를 이미지와 연결해 문구와 함께 만드는 그래픽을 말하는 것이다.

⑧ 3D 입체 일러스트레이션

입체 일러스트레이션은 각종 종이류의 텍스처나 점토, 곡물, 기타 재료를 적절히 사용하여 입체적으로 표현한 것이다. 평면적인 그림에 비하면 입체감을 강력히 주장하는 표현 또는 페이지를 펼쳤을 때 입체 형태로 돌출되어 변하는 표현 등이 있다.

⑨ 패션 일러스트레이션

패션 일러스트레이션은 의상 디자인 전달을 한다. 일러스트레이션은 커뮤니케이션을 대전제로 하여 패션정보 및 그 사회에 사회적, 문화적 내용을 이미지로 표현하는데 주력해야 한다.

그리고 패션 드로잉(Fashion Drawing), 모드화(Mode 畫), 스타일 화(Style 畫), 디자인 화 등 여러 가지로 표현된다.

패션 일러스트레이션은 패션 디자이너의 생각이나 아이디어를 그림으로 그려 보여주는 것으로, 디자이너의 디자인에 대한 바른 형상을 알려주는 의사소통의 또 다른 매체이다.

⑩ 입체 일러스트레이션

일반적으로 평면그림 보다는 많이 사용되는 일러스트는 아니나 최근에는 에디토리얼(Editorial)이나 광고에서도 많이 사용되고 어린이 교재나 텔레비전의 화면용 또는 특수효과를 연출하기 위해 만들기도 한다.

4. 일러스트의 재료

일러스트레이션을 표현하기 위해서는 적절한 재료를 선택할 수 있어야 한다. 재료는 각각 가지고 있는 고유한 특성이 있기 때문에 그 특성을 잘 이해해야 한다. 재료는 일러스트의 질감을 표현하고 전체적인 분위기나 이미지에 영향을 주어 시각적인 감정을 표현한다. 그래서 재료의 선택은 일러스트레이션에 있어 매우 중요한 역할을 한다.

일러스트레이션의 재료는 한 가지 재료를 사용하여 표현하기도 하며 두 개 이상의 재료를 혼합하여 사용하는 경우도 있다. 그러므로 각 재료의 특성과 장단점을 잘 이해한다면 좋은 일러스트레이션을 만들 수 있다.

(1) 서포트(Support)

① 캔버스(Canvas)

캔버스는 초벌질된 것과 초벌질되지 않은 것이 있으며 중량과 폭에 따라 전문가용 린넨과 면 두 가지 유형으로 나누어진다.

전문가용 린넨은 주로 건성 재료와 용해성 재료를 사용한다.

② 종이(Paper)

종이의 종류는 전문가용부터 직접 만들 수 있는 색지와 카드 등 매우 다양하다. 종이는 표면에 따라 다양한 지류를 사용할 수 있다.

주로 드로잉 시에는 표면이 깨끗한 켄트지류, 수채화와 같이 물을 사용하는 경우에는 흡수력이 좋은 와트만지, 마커표현에는 마커 전용지, 포스터물감이나 아크릴의 경우 보드지를 사용한다.

③ 지우개 (Eraser)

지우개는 고무나 플라스틱이 주성분으로 이루어져 있다. 주로 불필요한 부분을 지우는 수정의 용도로 사용되며 힘과 속도를 조절하여 명암조절이나 미세한 하이라이트 부분을 표현하는데 사용한다.

지우개는 경도에 따라 무른 지우개는 목탄이나 파스텔을 지울 때, 단단한 지우개는 연필을 지울 때 사용한다.

(2) 건성재료

① 연필(Pencil)

연필은 가장 기본적이고 전통적인 재료로 표현이 자유로워 다양한 표현이 가능하다. 연필을 사용하면 거칠고 굵은 선과 짙은 색을 표현할 수 있으며, 다양한 질감과 광택이 나는 명암을 표현할 수 있다.

연필의 주원료는 흑연과 점토를 섞어 굽는 것이며 연필의 경도(굳기)와 농도(진하기)에 따라 하드펜슬(Hard Pencil), 소프트펜슬(Soft Pencil), 샤프펜슬, 흑연펜슬, 카본 등으로 구분할 수 있다.

연필은 가장 부드러운 8b부터 딱딱한 6h까지 여러 종류가 있으며 H(Hard), H앞의 숫자가 높을수록 딱딱하고 흐리다. B(Black), B앞의 숫자가 높을수록 부드럽고 진하다.

② 흑연가루

흑연가루는 종이에 바탕을 어둡게 칠한 후 밝은 부분을 지우개로 지워가는 표현방법을 사용할 때 적합하다.

③ 목탄(Charcoal)

목탄은 미술재료 중 가장 오래된 재료로 포도나무나 버드나무의 가지를 태워서 만든 숯으로 만든다. 연필보다 거친 입자를 갖고 있으며 종이에 가볍게 문지르지 않고 묻혀내는 방식으로 사용한다.

목탄은 두꺼운 질감이나 아주 엷은 질감을 표현할 수 있으며 연필처럼 다양한 선을 그려 여러 가지 무늬를 나타낼 수 있다. 또한 정확한 명암의 단계를 표현하기 쉽고 부드러운 음영을 효과적으로 나타낼 수 있으며 지우는 것이 비교적 자유롭다.

④ 콘테(Conte)

콘테는 프랑스에서 만든 초크의 일종으로 흑연이나 안료, 점토, 물을 섞어 반죽한 상태에서 가마에 구워 연필 모양으로 압축한 것이다.

콘테는 목탄에 비해 딱딱하지만 목탄과 비슷한 분위기를 표현할 수 있으며 붉은색, 흰색, 검정색, 고동색 등 4가지의 색이 있다. 그리고 콘테는 납가루를 포함하지 않아 완벽하게 지우기 어려우며 찰흙 지우개를 사용하면 효과적이다.

⑤ 색연필(Color Pencil)

색연필은 무기안료와 락카 또는 착색한 경도 합성수지를 응고시켜 압착한 색연필 심을 나무로 감싸 만든다. 색연필은 연필보다 무른 특징을 가지며, 색상을 표현하는 재료 중 가장 사용하기 편리하며 휴대가 쉽다. 또한 다양한 명암과 세밀한 정밀묘사도 가능하다.

색연필은 수성과 유성의 두 가지 종류가 있으며, 수성 색연필은 비교적 심이 단단하며 물에 잘 용해되어 수채화 같은 표현을 할 수 있다. 또한 색감이 부드럽고 디테일한 표현이 가능하다. 유성 색연필은 초크 색연필과 파스텔 색연필이 있으며 심이 매우 부드러워 색상끼리 혼합 시 자연스런 색채 표현이 가능하다. 또한 수성에 비해 선명한 표현과 불투명한 표현이 가능하다.

⑥ 파스텔(Pastel)

파스텔은 색이 들어간 가루 원료를 길쭉하게 굳혀 만드는데 과거에는 석고나 질 좋은 점토로 만들었으나 지금은 물에 거른 탈산 석회를 가지고 만든다. 파스텔의 색채는 화려하고 부드러우며 온화하고 몽환적인 느낌을 표현하는데 적합하다. 사용방법이 간단하고 다양한 재료와 결합하여 사용하기에 좋으나 내구성이 약하고 분말을 종이에 부착하기 위해서는 접착제를 사용해야 한다.

파스텔의 형태는 펜슬형과 막대형이 있으며, 펜슬형은 넓은 면적이나 부드러운 표면처리에 적합하고 연필형은 가는부분이나 섬세한 표현을 하는데 사용한다.

파스텔의 종류에는 가루 파스텔, 오일파스텔, 수용성 파스텔이 있다. 또한, 가루 파스텔은 경도에 따라 소프트 파스텔, 하드 파스텔로 나누어 살펴 볼 수 있으며, 소프트 파스텔은 경도가 낮고 색이 부드럽게 표현되며 넓은 면적에 표현할 수 있고, 하드 파스텔은 경도가 높고 밑그림이나 세부묘사에 사용된다. 수용성 파스텔은 채색 후 물을 녹여 사용하는 방식으로 사용하며 오일 파스텔(크레파스)은 가루날림이 적고 강한 색감과 거친 표현이 가능하며 굳거나 마르지 않는다.

(3) 용해성 재료

① 펜(Pen)과 잉크

펜의 종류는 강대펜, 만년필, 볼펜, 로트링펜 등이 있다. 펜은 다른재료보다 가볍고 날카로운 선으로 표현할 수 있어 섬세하고 자세한 표현에 적합하며 빠르고 신속하게 표현할 수 있다.

펜은 심이 0.5mm 이하를 많이 사용하며 로트링펜은 캘리그라피나 아웃라인을 그릴 때 사용한다. 잉크의 색은 다양하지만 주로 검정색과 갈색이 많이 사용되며 내수성과 수용성의 타입이 있다.

② 수채화 물감(Water Color)

수채화 물감은 15세기 네덜란드에서 발명된 이후 17세기부터 본격적으로 사용되었다.

투명한 수채화 물감은 수성으로 비치는 효과를 표현할 때 사용되며 여러 색을 겹쳐 다양한 색상을 표현하는데 용이하다. 또한 연하고 부드럽고 여성스러운 분위기를 연출하기에 적합하며 밝은 곳에서 어두운 곳으로 칠하는 방식을 취한다.

수채화 물감은 다른 재료와도 같이 사용되는 경우가 많은데 완전히 마른 후 색연필이나 펜으로 바깥 경계를 그려서 표현할 수 있다.

③ 포스터 물감(Poster Color)

포스터 물감은 불투명한 물감으로서 넓은 부분의 평면적인 처리에 적합하고, 분명한 느낌을 준다. 이것은 평면적으로 표현되므로 유동성이 없고 딱딱한 분위기를 연출한다.

포스터 물감은 일러스트를 그릴 때 선명한 입술 표현이나 색상 대조를 통한 팝아트적인 메이크업 표현에 활용될 수 있다.

④ 아크릴 물감

아크릴 물감는 불투명하고 광택이 없으며 차폐력이 강한 재료여서 다른 재료 위에 덮어 표현할 수 있다. 또한 물을 이용하여 농도의 변화를 주면 다양한 표현 방법이 가능하며 건조가 빠른 특징이 있다.

그러나 건조된 후에는 물에 녹지 않아 수정이 어렵고 내구성이 약해 너무 두껍게 바르게 되면 아크릴 물감 자체가 갈라지거나 떨어지는 경우가 있다.

⑤ 유화 물감

유화 물감은 15세기 얀 반 아이크(Jan Van Eyck, 1390~1441)에 의해 발명되었으며 19세기 후반부터 많이 사용되었다.

유화 물감은 기름으로 이루어져 있어 다루기 어렵고 환경조건에 따라 건조 속도나 크랙, 색상의 변화가 달라질 수 있다. 또한 건조시간이 길어 수정이 용이하나 그 만큼 작품을 만드는 환경이 중요하기 때문에 초보자들이 다루기 까다롭다.

⑥ 마커(Marker)

마커는 색연필처럼 직접 칠할 수 있고 휘발성 잉크를 베이스하고 있어 즉시 건조되어 속도감 있는 빠른 표현이나 선명하고 일정한 색상표현을 하는데 유용하다. 또한 색상과 팁의 모양이 다양하며 그림의 외곽선이나 내부의 색을 채우는데 이용된다. 주로 스토리 보드, 제품 렌더링, 패션 일러스트레이션에 많이 사용된다.

⑦ 에어 브러시(Air Brush)

에어 브러시의 기원은 약 17,000년 전으로 추정되는데 스페인 동굴벽화가 가장 대표적인 에어 브러시 기법을 사용한 최초의 작품이다. 이후 에어 브러시는 1893년 영국의 화가 찰스 버딕(Charles Burdick)이 처음 특허를 얻어 활용되었다.

에어 브러시의 원리는 물감을 공기압(에어)을 붓(브러시)으로 사용하는 기법으로 스프레이 도색의 일종이다. 원래 컴퓨터 그래픽이 보편화되기 전에 그래픽 디자인을 위해 사용되었고 금속질감이나 사진의 특수효과 및 배경에 많이 사용되었다. 현재는 네일아트나 바디페인팅 쪽에서도 많이 사용된다.

(4) 특수재료

뷰티 일러스트 재료는 기존 재료뿐만 아니라 일상생활에서 기발한 재료를 발견하여 적용할 수도 있다. 이는 ‘꼴라쥬(Collage)’ 기법의 일환으로 다양한 재료를 다양한 아이디어에 접목하여 작가의 기발한 작품세계를 디자인틱하게 표현하는 것이다.

잡지나 종이류를 찢어서 표현하거나 헤어를 털실로 표현, 콩, 핀, 압정, 유리조각, 신문지, 직끈, 조화 등 다양한 재료를 일러스트에 활용할 수 있다.

① 스크래치 보드(Scratch Board)

스크래치 보드는 경질(硬質)의 두터운 종이판에 미세한 특수 백색 도토(陶土)를 발라 말린 후 흑색 잉크를 칠한 판, 또는 그 판에 그린 흑백의 판화(版畵)이다. 흑색보드를 이용한 판화방법으로 전통적이고 간단하면서 완성도가 높은 재료이다.

스크래치 보드는 유화 물감, 수채 물감, 잉크 등 다양한 재료를 함께 사용할 수 있으며 값이 싸고 다루기가 쉽다. 목판화나 인그레이빙(Engraving) 등의 효과를 낼 수 있으며 주로 선 드로잉과 단색 그림에 많이 사용된다.

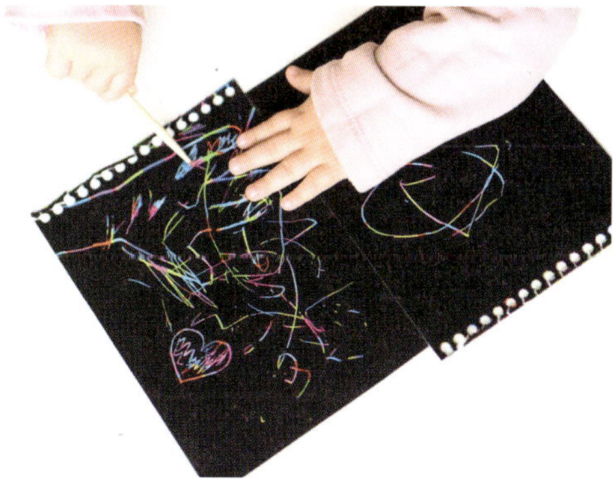

② 인쇄된 재료

휴지조각, 책, 포스터, 벽지, 포장지, 신문, 잡지, 소책자 등의 인쇄된 재료를 말한다.

③ 자연재료

자연에서 얻을 수 있는 재료로 나뭇잎, 나무껍질, 새의 깃털, 돌멩이, 잡곡, 건조된 음식물 등 자연에서 얻어진 재료를 말한다.

④ 인공재료

고장난 가정용 도구나 부품, 기성품 재료, 벽지, 장난감 등 인공적으로 만들어진 재료를 말한다.

⑤ 섬유

섬유는 천연섬유와 인조섬유, 합성섬유로 나누어 살펴 볼 수 있다.

천연섬유는 자연에서 얻어진 섬유로 식물성인 면·마와 동물성인 모·견이 있으며 인조섬유는 물리적, 화학적으로 만들어진 섬유로 폴리에스터, 나일론, 아크릴 등이 있다. 합성섬유는 천연섬유와 인조섬유가 합해진 섬유로 각각의 장점을 살린 섬유라고 할 수 있다.

섬유는 직조형태에 따라 다양한 질감을 표현할 수 있으며 염색에 따라서도 다양한 색을 연출할 수 있다. 또한 가공방법에 따라 다양한 프린트나 입체적인 패턴을 만들 수 있어 다양한 이미지를 연출하는데 용이하다.

2. 뷰티 일러스트레이션(Beauty Illustration)

1. 뷰티 일러스트의 이해

뷰티 일러스트레이션은 뷰티와 일러스트레이션의 합성어로 메이크업, 헤어, 네일 등의 뷰티 디자인 부분에서 미술이라는 영역을 바탕으로 얼굴과 헤어, 인체를 중심으로 스케치하여 시각화한 그림을 말한다.

뷰티 일러스트레이션을 하기 위해서는 정확한 인체의 골격과 근육을 이해하고 드로잉과 같은 다양한 기법을 학습해야 한다. 또한 색채와 선을 통한 질감표현과 다양한 재료나 도구의 특성과 사용방법도 학습되어야 한다.

최근에는 뷰티 일러스트레이션은 빠르게 변화하는 트렌드와 스타일을 제시하는데 유용한 방법으로 사용되고 있으며 인터넷과 기술의 발달로 컴퓨터를 이용한 일러스트 방법도 많이 사용되면서 그 전문성이 커지고 있다. 그리고 일러스트레이션은 표현 양식에 따라 구상적 표현과 추상적 표현으로 나누어 살펴 볼 수 있다.

① 구상적 일러스트레이션

구상적 일러스트레이션이란 대상이 보다 쉽게 그려져 있는지를 말하며 어떠한 대상을 사실적으로 표현하는 방법으로 사진처럼 실제적이고 구체적으로 표현하여 사실적이고 현실감 있게 시각적으로 표현하는 방식이다.

② 추상적 일러스트레이션

추상적 일러스트레이션은 단순화, 과장, 생략 등을 통해 필요한 부분만 간략하게 표현하는 방법으로 표현 양식에 따라 미국의 기하학적 추상 일러스트레이션, 유럽의 앵포르멜적(Informalism, Art Informel) 추상 일러스트레이션(비정형, 반조형)으로 분류할 수 있다.

추상적인 일러스트레이션은 내용에 구체성이 없기 때문에 일반적이거나 대중적이지 못하지만 심리적 호소력이 강해 보는 사람들로 하여금 전달하는 내용을 정확하게 암시하면 보다 효과적인 표현이 될 수 있다.

2. 뷰티 일러스트 표현기법

(1) 표현매체

표현이란 예술 창작의 근본 작용으로 표현매체는 표현 도구와 기술, 재료 등을 이용하여 표현하는 것을 말한다. 대표적으로 페인팅 기법, 컴퓨터 그래픽 기법, 꼴라쥬 기법을 살펴 볼 수 있다.

① 페인팅 기법

페인팅 기법은 물감과 용매를 섞어 벽이나 천, 가죽, 종이 등에 부착시켜 화면을 완성하는 것으로 가장 폭 넓게 사용되는 기법이다.

사용되는 재료로는 연필, 색연필, 파스텔, 콘테, 수채물감, 포스터물감, 유화, 마커, 오일, 파스텔, 아크릴 물감, 에어 브러시 등의 재료가 사용된다.

② 컴퓨터 그래픽 기법

컴퓨터 그래픽 기법은 1980년대 초 '페인팅 시스템' 프로그램을 통해 사용하기 시작하였다. 컴퓨터 프로그램을 이용하여 그림을 그리고 색상을 선택하여 컬러링 할 수 있으며 스캐닝을 통해 기존의 이미지를 변형하거나 조합할 수 있다. 또한 컴퓨터를 활용하면 고도의 정확성과 더불어 확대, 축소, 변형, 교체 등 재료의 한계를 넘어서 다양한 이미지 작업이 가능하며 최근에는 3D를 통한 입체적인 작업도 가능해졌다.

③ 꼴라쥬 기법

꼴라쥬는 불어의 "Collar"에서 유래한 말로 '풀로 붙이다' 라는 의미를 담고 있다.

꼴라쥬를 유화에 처음 사용한 사람은 피카소(Picasso, 1881~1973)이며 이후 입체파 화가들이 꼴라쥬 기법을 사용하면서 확산되었다. 현대에 사용되는 꼴라쥬라는 단어는 20세기 알프레드 바르 주니어(Alfred H. Barr Jr.)가 자신의 작품을 설명하면서 사용되었다.

꼴라쥬는 화면에 인쇄물, 천, 금속, 나뭇조각, 나뭇잎, 종이 등을 붙여서 구성하는 회화 기법과 실이나 철사, 비닐, 양철조각 등과 같은 입체적 소재를 사용하여 이질감을 연출하는 콤바인 페인팅, 잡지나 종이, 신문 등을 오려 붙여 꾸미는 파피에꼴레, 여러 장의 사진을 붙이거나 영상을 합성하여 만드는 포토 몽타쥬 등으로 나누어 살펴 볼 수 있다.

(2) 드로잉(Drawing)기법

드로잉(Drawing)은 일반적으로 회화의 바탕그림을 그리는 것으로 알고 있지만 현대 회화에서는 드로잉 기법 자체만으로도 하나의 회화의 영역으로 인정되고 있다. 드로잉(Drawing) 기법은 연필, 펜, 목탄, 크레용 등의 재료로 선이나 형태를 표현하며 속도와 연필의 굵기, 힘의 세기에 따라 다양하게 표현할 수 있다.

드로잉(Drawing) 기법의 종류는 윤곽 드로잉, 명암 드로잉, 스케치로 분류할 수 있다.

① 윤곽 드로잉

윤곽 드로잉은 세부 묘사는 하지 않고 입체 형상의 외곽선만을 표현한 방법이다.

빠른 속도로 제작 가능하며 선의 강약조절을 사용하여 면의 변화, 명암의 변화, 색채의 변화를 줄 수 있다. 사용되는 재료는 연필이나 붓, 펜 등을 사용한다.

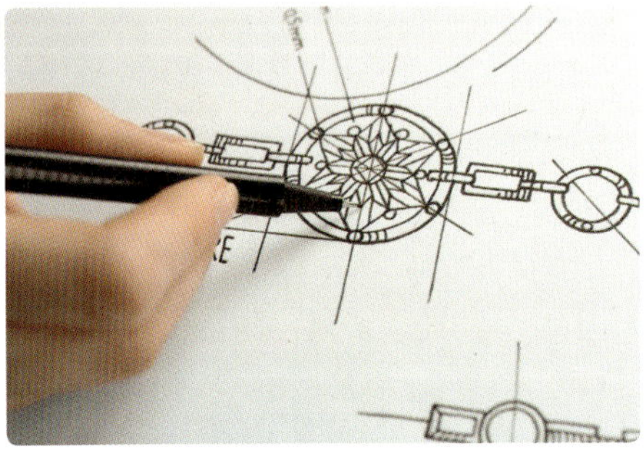

② 명암 드로잉

명암 드로잉은 톤을 더해 그리는 방법으로 명도를 통해 입체감을 표현하는 방법이다.

이 방법은 주로 시각예술에서 많이 사용되며 목탄, 흑연가루, 연필, 콘테, 크레용, 수채물감, 아크릴, 유화물감, 꼴라쥬 등을 이용하여 표현한다.

③ 동작 드로잉

동작 드로잉은 빠른 시간 내에 움직이는 형태나 동작을 속도감 있게 표현하여 운동감과 생기를 부여하는 스케치를 말한다. 단순히 순간의 동작만을 표현할 수도 있지만 작가의 감정이나 감성을 넣어 표현할 수도 있다.

또한 선이 굵은 목탄, 파스텔, 붓 등의 도구를 사용하여 몇 개의 선으로 표현하기 때문에 즉흥적으로 그려지는 선들에 가해지는 힘의 변화가 그림에 중요한 요소가 될 수 있다.

④ 상상 드로잉

상상 드로잉은 작품을 준비하기 위한 단계에서 그려지는 상상된 이미지의 기록을 위한 드로잉을 말한다. 상상을 통해 창작된 이미지를 그리기 때문에 이미지네이션 드로잉이라고도 한다.

⑤ 스케치

스케치는 작품을 위한 밑그림이나 아이디어의 기록을 말한다. 스케치는 연속 드로잉과 섬네일 스케치로 나누어 살펴볼 수 있다.

연속 드로잉에 있어 주제와 관련된 드로잉은 다양한 각도에서 그려 기록하는 것을 말하며, 섬네일은 자세한 스케치 이전에 떠오른 아이디어를 메모하는 형식으로 기록하는 것을 말한다. 이렇게 스케치는 사물을 시각화시켜 색상이나 명암 등을 표현하면 다음 단계를 위한 충분한 자료로 활용될 수 있다.

⑥ 점묘법

점묘법은 19세기 프랑스의 색채 학자 M. E 슈브럴(M.E. Chevreul)의 색채 이론을 근거로 인상파 화가들이 작품에 사용하면서 알려진 기법이다.

이 기법은 주로 페인팅과 드로잉에 쓰이는데 선 대신 붓의 끝이나 브러시(Brush) 등으로 찍은 다양한 색의 작은 점을 이용하여 다양한 톤의 변화를 줄 수 있는 기법이다. 대표적인 작품으로는 조르주 쇠라(Georges Seurat, 1859~1891)의 '그랑드 자트 섬의 일요일 오후' 라는 작품이 있다.

(3) 얼굴 표현

얼굴 표현의 종류는 사실화, 단순화, 생략 및 부분 묘사로 나누어 살펴 볼 수 있다.

① 사실화

사실화는 사진처럼 현실적이고 왜곡이나 변성적 기교를 사용하지 않은 세밀하고 현실적 실체감을 주는 방법이다. 사실화는 사실적인 표현을 해야 하기 때문에 표현에 능숙해야 하며 한눈에 쉽게 내용을 전달할 수 있는 매우 보편적인 방법이다.

얼굴 표현에 있어 얼굴 형태, 골격 구조와 더불어 다양한 표현 방법 등을 이해해야 하기 때문에 교육적 측면에서 많이 사용한다.

③ 단순화

단순화는 그리고자 하는 모든 형태를 그리는 것이 아니라 꼭 필요한 형태만 선택적으로 그려 특정한 이미지를 보다 명확하게 전달해 주는 방법이다.

이 방법은 비 본질적 요소를 배제하여 작가가 표현하고자 하는 본질에 더 집중할 수 있으며 이미지와 컨셉을 극대화하여 작가의 개성과 창의력을 좀 더 효과적으로 표현할 수 있다.

③ 생략 및 부분 묘사

디자인의 특징이나 세부적인 디테일을 생략하고 실루엣과 색상만을 사용하여 표현하고자 하는 디자인의 독특한 뉘앙스를 표현하는 방법이다.

3. 선긋기 실습

1. 가로선 긋기

(1) 직선

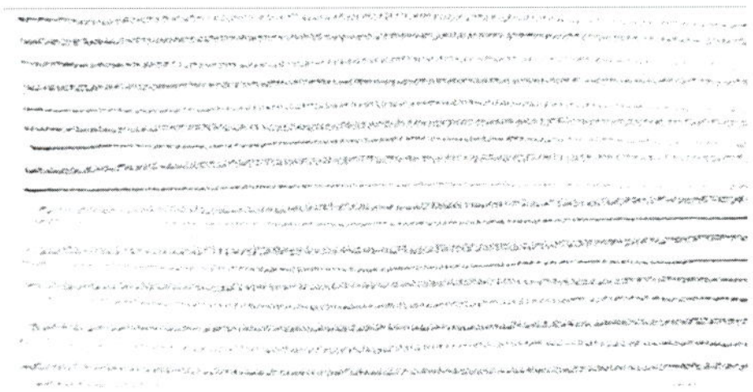

강 약

약 강

강 약 강

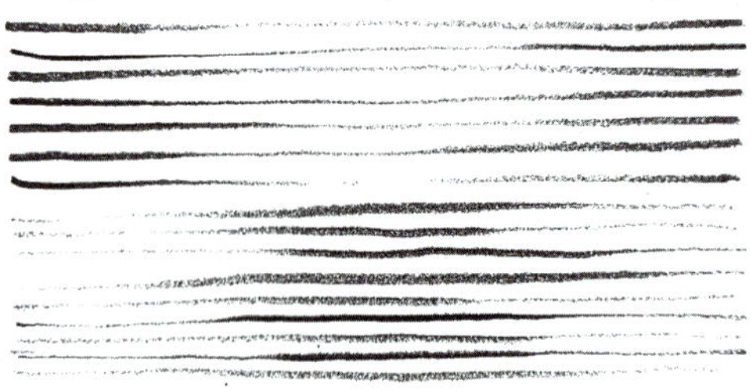

약 강 약

(2) 곡선

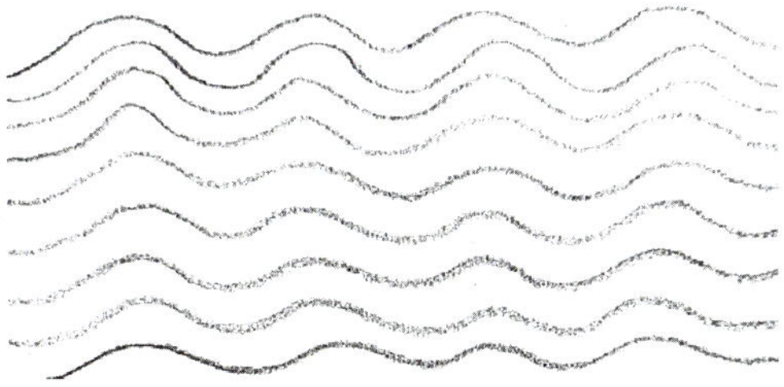

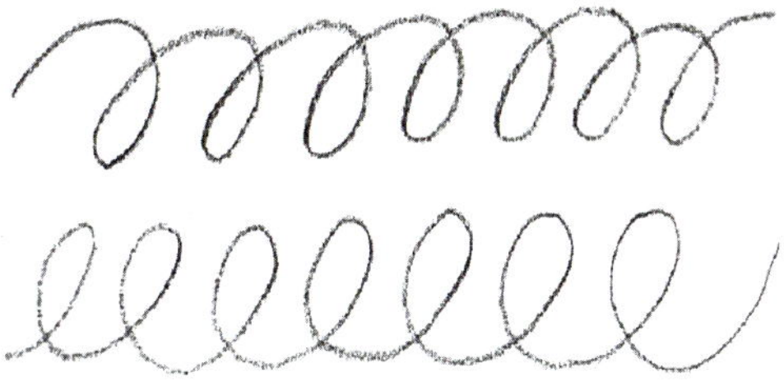

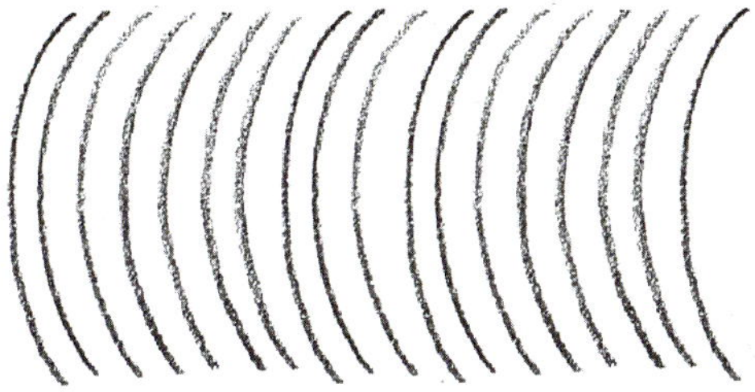

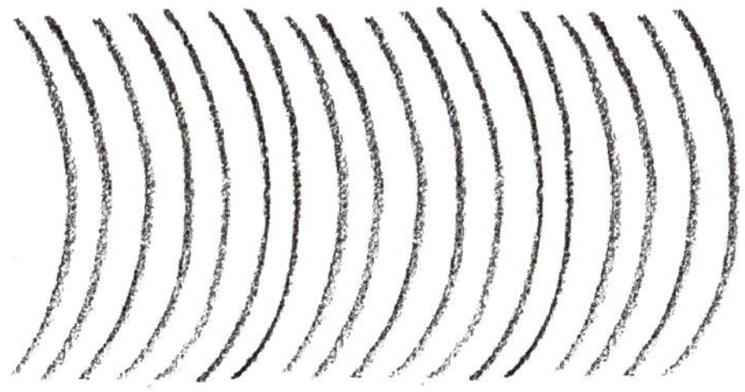

2. 세로선 긋기

(1) 직선

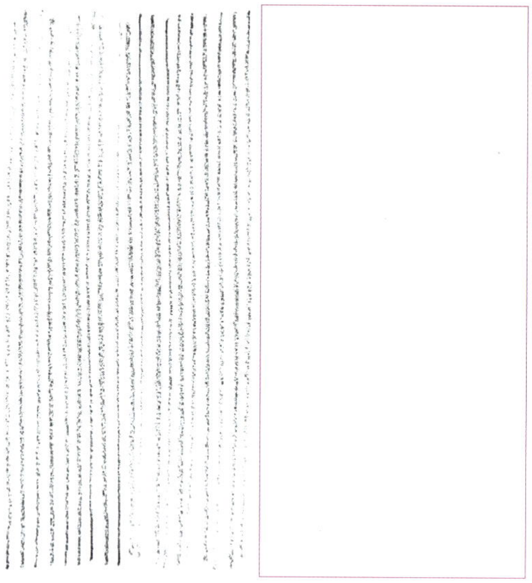

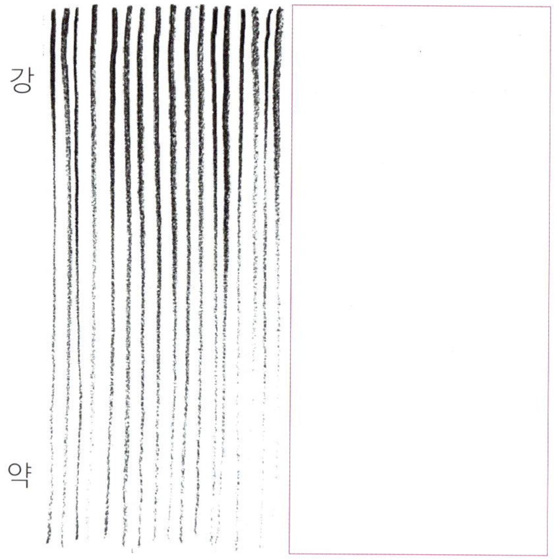

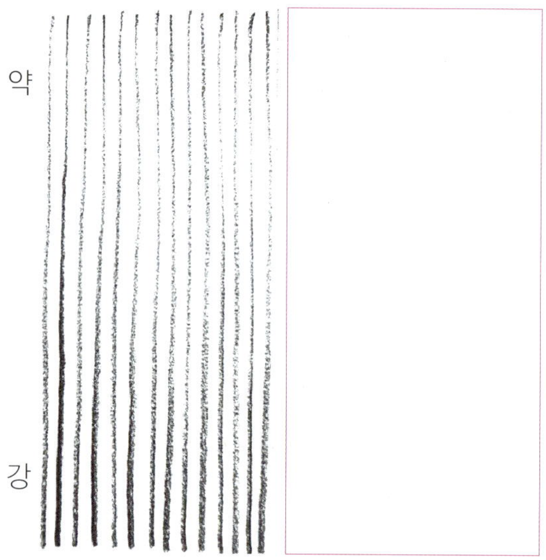

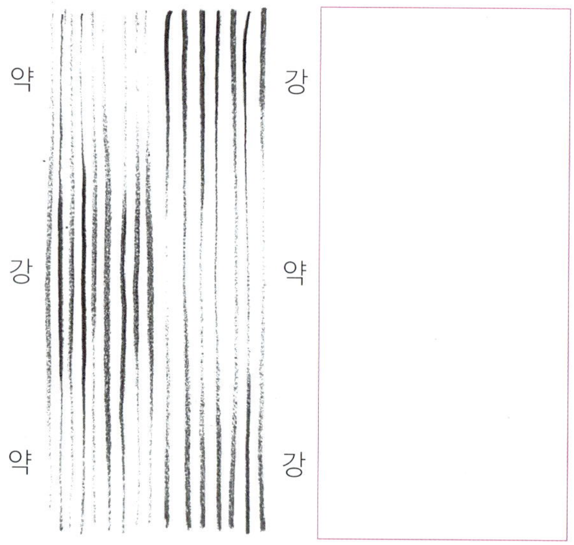

(2) 곡선

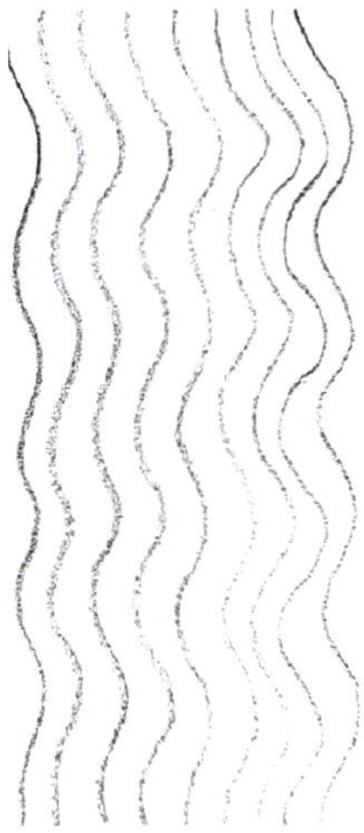

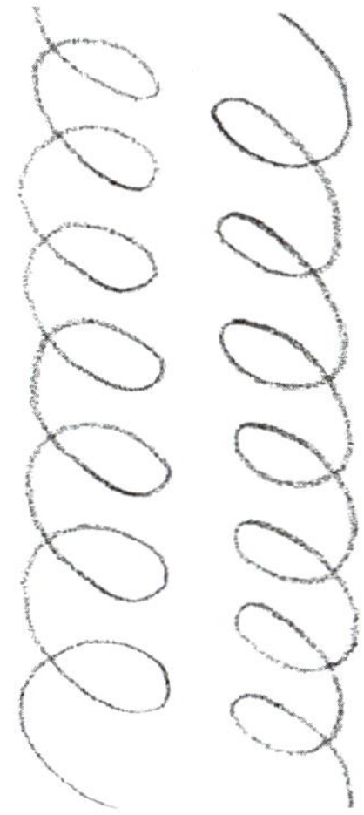

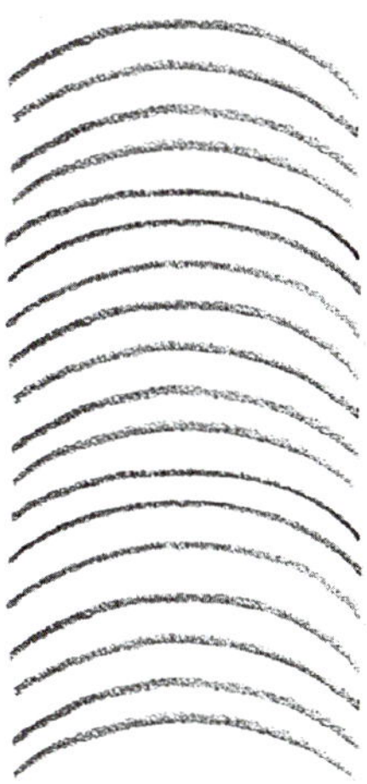

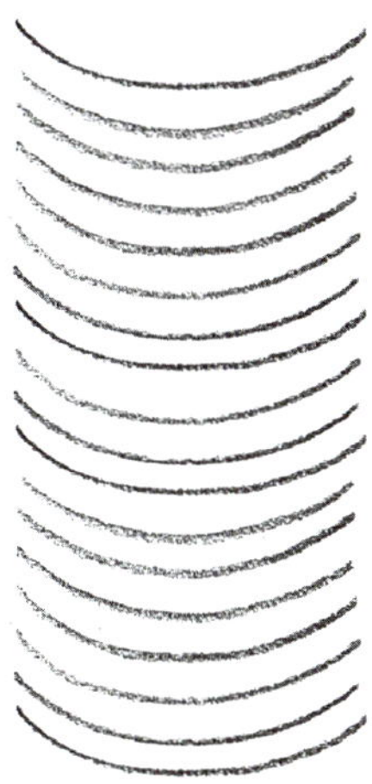

(3) 등분 연습

① 4등분

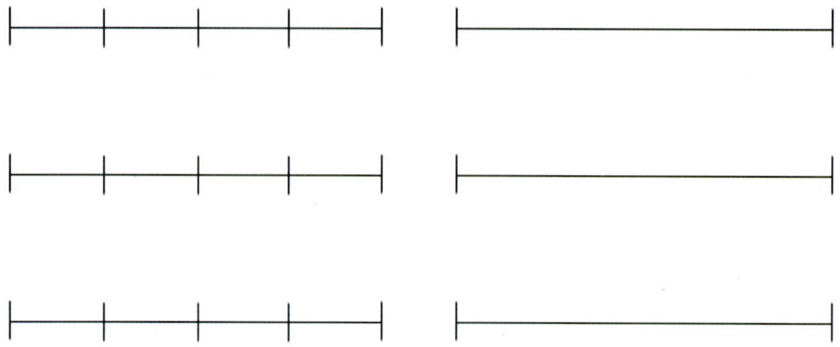

② 5등분

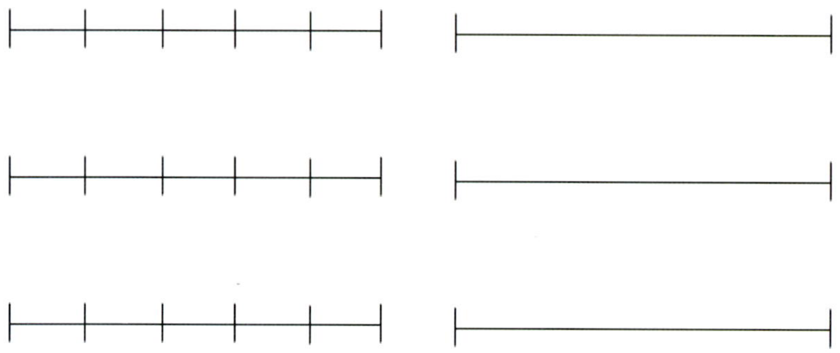

③ 8등분

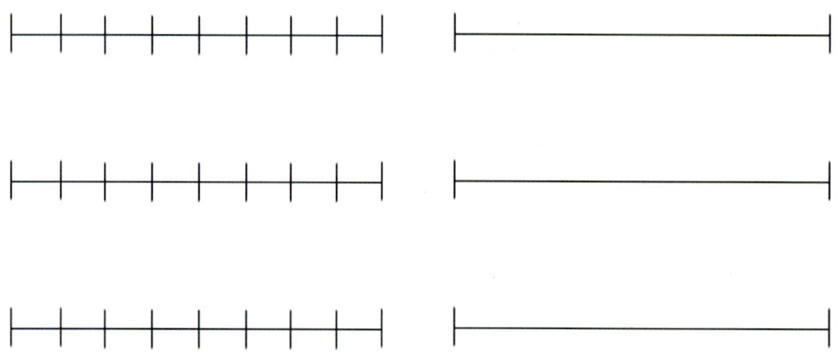

Chapter 2 빛의 이해

Weeks 2 빛과 명도

Weeks 2

빛과 명도

1. 빛이란?

빛은 시지각을 일으키는데 필수적인 요소로 우리는 빛이 없는 곳에서는 사물의 색과 형태를 지각할 수 없기 때문에 빛은 우리가 살아가는 데 매우 중요한 역할을 한다.

빛에 대한 연구는 17세기 이전부터 연구되었고, 영국의 물리학자인 뉴턴(I. Newton)이 1666년 빛의 파장에 따라 굴절하는 각도가 다르다는 것을 프리즘 실험을 통해 가시 스펙트럼의 색대를 확인하였다.

이후 영국의 물리학자인 맥스웰(J. C. Maxwell)은 우리가 눈으로 지각되는 색의 범위가 전자기파의 한 일부분인 가시광선(可視光線)의 범위(380nm~780nm)에서 보여진다는 것을 확인하였다.

2. 빛과 물체

물체는 스스로 색을 나타내는 것이 아니라 물체의 표면적 특성에 따라 빛의 반사, 흡수, 투과되어 우리의 눈에 보여진다. 빛이 물체에 모두 흡수되면 검정색, 모두 반사하면 하양색으로 보이고 빛의 반사, 흡수, 투과에 따라 다른 색으로 보여진다.

3. 원근법과 투시도법

1. 원근법

원근법의 어원은 라틴어인 '아르스 페르펙티바(ars perpectiva : 뚫어보다, 관통해 보다)'와 페르스피케레(perspecere : 투과하여 보다)에서 유래하였다.

원근법은 인간의 눈으로 보는 공간사상(3차원)을 평면(2차원) 위에 묘사적으로 표현하는 회화 기법이다. 또한 평평한 화면에 깊이 있는 공간을 만들어 실제로 보이는 것과 같은 공간감각을 표현한다.

원근법의 핵심은 거리에 따라 물체의 길이를 줄여 표현하는 데 나와 물체 사이의 측량된 거리에 따라 화면에 거리감과 형태가 달라진다. 이처럼 원근법은 하나의 그림 기법이지만 사실은 기하학적 이론에 바탕을 둔 수학이며 3차원의 물체가 위치하는 공간과의 관계를 2차원적 평면에 묘사하는 일종의 거리 과장기법이라고 할 수 있다.

공간을 표현하는 방법으로는 크게 공기 원근법과 색채 원근법을 살펴 볼 수 있다.

(1) 공기 원근법

① 공기를 가지고 거리감을 표현하는 방법으로 공기의 영향을 받아 표현하는 방법이다.

② 가까울수록 색상은 선명하고 윤곽은 뚜렷하게 하며 멀어질수록 색상이 옅어지고, 주위 색을 섞은 듯 흐리게 표현한다.

(2) 색채 원근법

① 색상의 특성을 반영하여 거리감을 표현하는 방법이다.

② 난색(빨강, 노랑, 주황)은 앞으로 한색(파랑, 녹색)은 뒤로 넣어 멀어지는 거리감을 표현한다.

2. 투시도법

투시도법은 영어 'perspective'의 번역어로 '투시원근법(透視遠近法) 혹은 원근법(遠近法)'의 용어로 사용되었다. 원근법은 원근감을 표현하기 위해 사용되는 방법으로 한 점을 시점으로 하여 물체를 원근법에 따라 눈에 비친 그대로 그리는 기법을 말한다. 원근법을 사용하면 3차원의 대상물을 평면에서 시점과 물체의 모든 점을 맺은 직선이 만나는 점을 연결하여 입체성과 원근감을 표현할 수 있다.

투시도법을 활용하기 위해서는 소실점과 눈높이에 대해 이해해야 한다.

(1) 소실점

선원근법의 원리와 소실점은 1410년경 르네상스시대 피렌체 건축가이며 미술가인 필리포 브루넬레스키(Filippo Brunelleschi, 1377~1446)이다. 이후 16세기의 화가나 건축가들이 원근법과 소실점을 이용하여 거리감이나 구도를 표현하는데 사용되면서 본격적으로 이용되었다.

소실점은 평행선이 만나는 지점을 말하는데 평행선이 소실점을 향해 수렴되는 것처럼 보인다. 소실점을 이용하면 멀리 떨어진 물체일수록 작게 보이게 할 수 있으며 보는 위치에 따라 다르게 나타난다.

소실점은 소실점이 몇 개 있느냐에 따라 1점 투시도, 2점 투시도, 3점 투시도로 살펴볼 수 있다.

① **1점 소실점 투시법** : 소실점이 1개이며, 집중감이 강하며, 대각선 구도로서 가로수길 등으로 그릴 때 많이 사용된다.

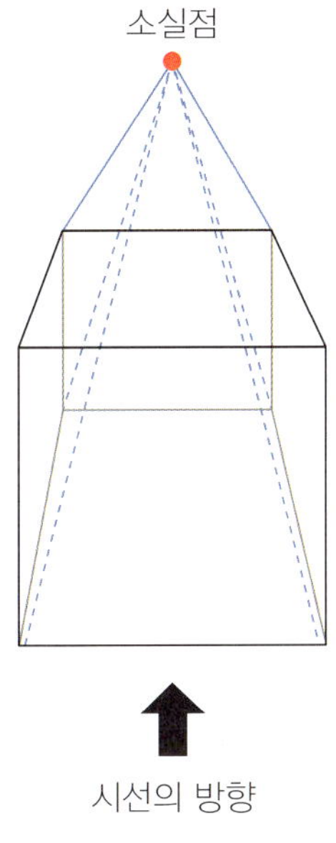

② **2점 소실점 투시법** : 사선 원근법이라고도 하며 소실점이 2개로 화면의 양쪽에 있고 주로 웅장한 건물 등을 표현할 때 사용된다.

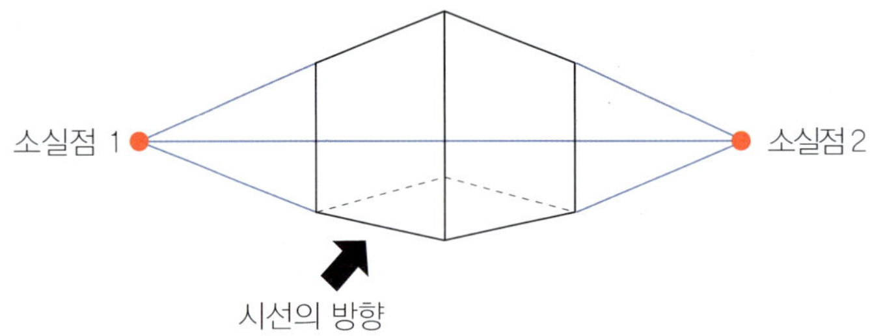

③ **3점 소실점 투시법** : 공간 원근법이라고도 하며 소실점이 3개로 양쪽과 위쪽이나 밑에 있어 스케치나 드로잉에서는 잘 사용하지 않으나 높은 건물을 그릴 때 사용된다.

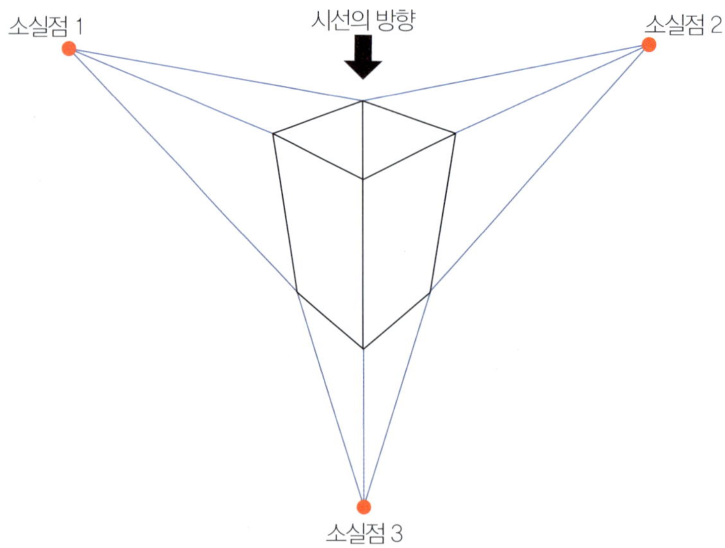

(2) 눈높이

자신이 보는 높이를 기준으로 똑바로 보는 위치를 말한다.

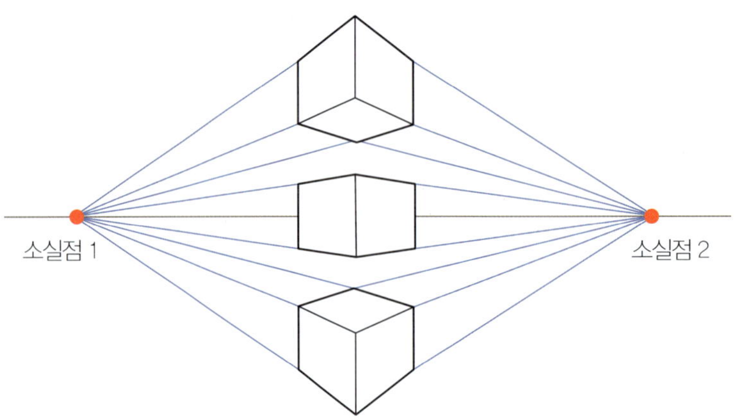

4. 명도와 채도

1. 명도

명도는 색의 밝고 어두움을 말한다. 색의 3속성 중에서 인간의 눈에 가장 예민하게 반응한다.(명도-색상-채도)

빛을 반사하는 양이 많을수록 명도가 높고 하양색(N10)으로 나타나며 빛을 모두 흡수하면 명도가 낮아져 검정색(N0)으로 보인다. 즉, 흰색을 혼합하면 명도가 높아지고, 검정색을 혼합하면 명도가 낮아진다.

명도의 단계는 흰색부터 검정까지 11단계 명도단계를 측정하며 Neutral(중립)을 사용하여 약호인 N으로 표기한다.(N1, N2, ...N10) 숫자가 높을 수록 명도는 높고(하양) 숫자가 낮을수록 명도는 낮다(검정). 하지만 실제 완전한 하양과 검정은 없어 실제 명도는 N1.5~9.5으로 표시한다.

또한 명도의 단계를 간단하게 저명도(N1.5~N3.0), 중명도(N4.0~N6.0), 고명도(N7.0~N9.5)로 나누어 볼 수 있다.

2. 채도

채도는 색의 순수한 정도(색의 순도, 포화도)를 나타내며 색의 선명하고 탁한 정도를 나타내는데, 채도가 가장 높은 색을 '순색'이라 하며 순색에 무채색을 혼합할수록 채도는 낮아진다.

채도의 단계는 무채색을 중심으로 1~14단계로 보는데 색상에 따라 채도의 단계는 다르게 나타날 수 있다. 즉, 채도의 단계는 숫자가 적을수록 탁하고 숫자가 커질수록 선명하다고 볼 수 있다.

3. 단계별 명도 실습

단계별 명도 실습은 연필을 이용하여 진행한다. 원활한 명도 실습을 위해서는 기준이 되는 명도표를 중심으로 명도를 표현한다.

먼저, 연필을 사용하여 명도의 단계를 표현할 때는 한 번에 명도를 표현하기보다 방향을 바꾸어 가며 쌓아가듯 깊이 있게 표현한다.

(1) 3단계 명도 실습

① 가장 밝은 부분(1단계)과 가장 어두운 부분(3단계)을 연필을 사용하여 칠한다.

② 2단계는 가장 밝은 부분(1단계)과 가장 어두운 부분(3단계)의 중간을 맞춰 칠한다.

(2) 5단계 명도 실습

① 가장 밝은 부분(1단계)과 가장 어두운 부분(5단계)을 연필을 사용하여 칠한다.
② 3단계는 가장 밝은 부분(1단계)과 가장 어두운 부분(5단계)의 중간을 맞춰 칠한다.
③ 비어 있는 2단계와 4단계는 위아래 단계의 중간 명도에 맞춰 칠한다.

(3) 10단계 명도 실습

① 가장 밝은 부분(1단계)과 가장 어두운 부분(10단계)을 연필을 사용하여 칠한다.
② 5단계는 가장 밝은 부분(1단계)과 가장 어두운 부분(10단계)의 중간을 맞춰 칠한다.
③ 3단계는 1단계와 5단계의 중간을 맞춰 칠한다.
④ 7단계는 5단계와 10단계의 중간을 맞춰 칠한다.
⑤ 6단계는 5단계와 7단계의 중간을 맞춰 칠한다.
⑥ 비어 있는 2단계와 4단계, 8단계와 9단계는 위아래 단계의 중간 명도에 맞춰 칠한다.

Chapter 3 빛의 각도와 도형

Weeks 3 빛의 각도와 도형 1

Weeks 4 빛의 각도와 도형 2

Weeks 3

빛의 각도와 도형 1

1. 빛의 각도

빛의 각도에 직각을 이루는 밝은 면과 빛이 닿지 않는 어두운 부분, 그 사이의 톤이 변화하는 부분으로 구성된다.

1. 빛의 명칭

(1) 빛의 명칭

① 빛은 광원으로 빛의 각도는 빛이 비추는 방향과 매우 관련이 있다.

② 빛의 각도에 따라 보여지는 명암은 다르게 나타나며 물체에 따라 다르게 표현할 수 있다.

③ 순광(Purity lighting) : 빛의 방향과 같은 방향에서 비추는 것을 말한다.

④ 역광(Back lighting) : 빛의 방향과 반대 방향에서 비추는 것을 말한다.

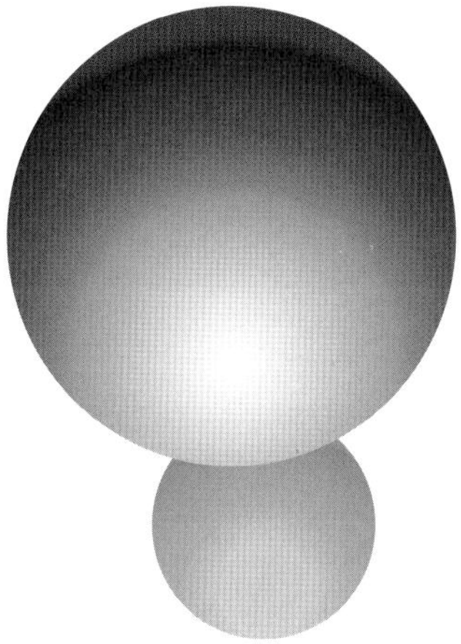

⑤ 측광(Front lighting) : 빛의 방향을 왼쪽이나 오른쪽 중 한쪽에서 비추는 것을 말한다.

⑥ 상부광(Top lighting) : 빛의 방향을 위쪽에서 비추는 것을 말한다.

⑦ 하부광(Under lighting) : 빛의 방향을 아래쪽에서 비추는 것을 말한다.

⑧ 후사광(Side rear lighting : 빛의 방향을 뒤쪽에서 약간 비스듬히 비추는 것을 말한다.

⑨ 전사광(High side lighting) : 빛의 방향을 측면 상부(위쪽)에서 비스듬히 비추는 것을 말한다.

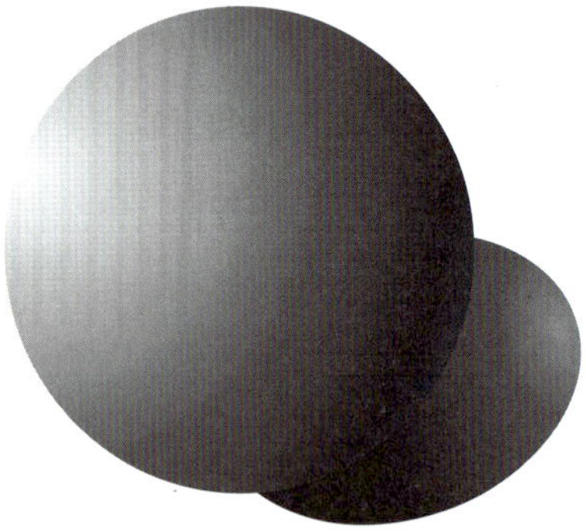

2. 빛과 위치

빛이 비추는 위치에 따른 명칭으로는, 직접적으로 비추는 고광, 명부, 중명부가 있으며, 비추지 않는 부분으로는 암부, 반광, 반사광, 그림자가 있다.

(1) 빛이 비추는 부분

① **고광** : 물체에 빛이 비칠 때 가장 밝게 비추는 곳으로 빛의 방향과 직각을 이룬다.

② **명부** : 빛을 받아 밝아 보이는 부분으로 물체가 갖고 있는 실제의 밝기보다 밝아 보인다.

③ **중명부** : 명부와 암부 사이로 중간 정도의 밝기로 표현된다.

(2) 빛이 비추지 않는 부분

① **암부** : 빛을 직접 받지 않은 물체의 가장 어두운 부분으로 빛이 들어오는 각도에 따라 길게 또는 짧게 그림자가 생긴다.

② **반광** : 명암의 분계선에 위치해 특히 어둡게 보이는 부분으로 명암의 흐름을 이어주는 부분이다.

③ **반사광** : 주위의 밝은 부분으로부터 빛이 반사되어 물체의 어두운 부분에 생기는 빛을 말한다. 반사광이 없으면 물체의 어두운 부분과 그림자 부분을 구분하기 힘들며 입체적으로 보이게 만든다.

④ **그림자** : 빛이 물체에 가로막혀 인접한 물체에 생기는 어두운 부분으로 물체에서 멀어질수록 경계가 흐리다.

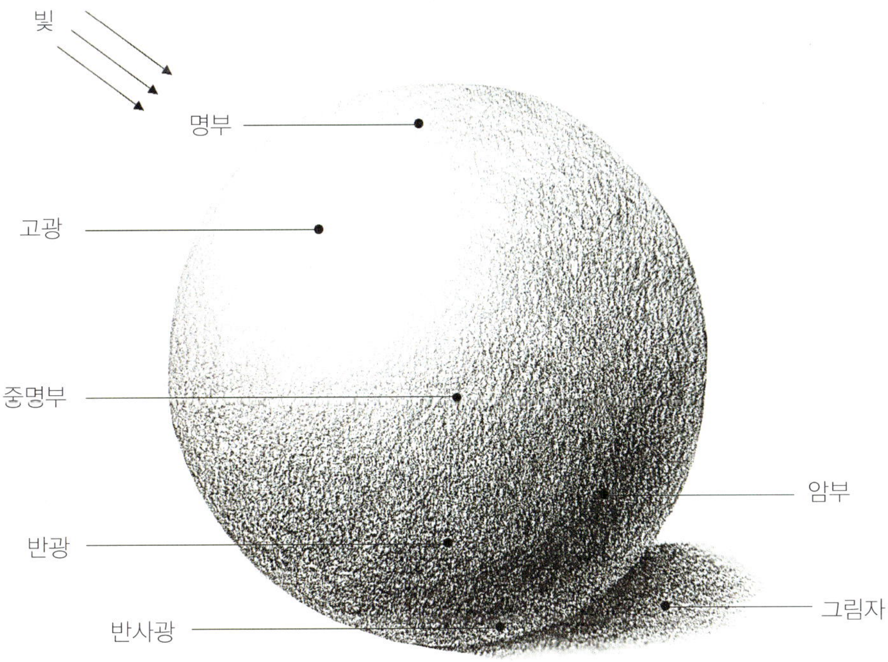

3. 빛의 각도

물체에 비추는 빛의 각도는 물체의 명암과 그림자에 영향을 주는데, 각도에 따라 높은 각도에서 비추는 빛은 그림자가 짧고 낮은 각도에서 비추는 빛은 그림자가 길다.

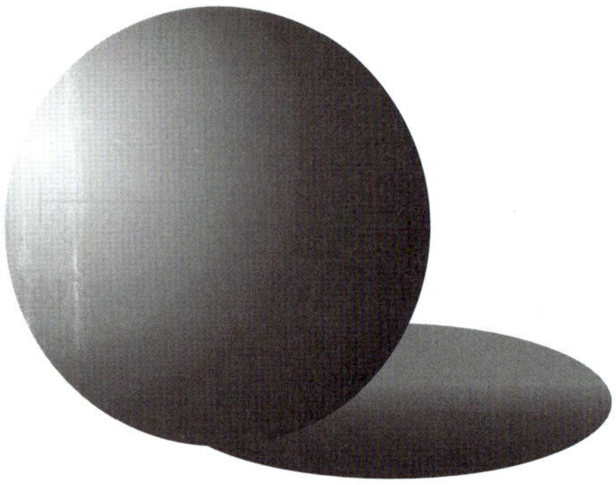

2. 빛의 각도와 구의 실습

구는 3차원 공간에서 한 정점에서 일정한 거리에 있는 점의 자취이다. 이 때 정점은 구의 중심이며 구 위의 한 점을 잇는 선분을 반지름이라고 한다.

그리고 정점에서 일정한 거리에 있는 점을 구면이라고 하는데 이 구면을 경계로 하는 입체를 구라고 한다.

구는 계란, 사과, 공 등과 같은 사물을 표현하는데 사용될 뿐만 아니라 인체를 표현하는데 있어 가장 많이 사용되며 주로 사람의 얼굴을 비롯한 인체의 관절을 표현하는데 사용된다.

[순서]

① 가로 10cm, 세로 10cm 선을 그어 십자가를 그린다.

② 표시한 위치에 맞춰 원을 그린다.

③ 빛의 방향에 맞춰 그림자를 그린다.

④ 선을 깨끗하게 정리한다.

⑤ 명도 3단계에 맞춰 구와 그림자 명암을 표현한다.

⑥ 중간 명도를 맞춰가며 다양한 방향으로 명암을 쌓는다.

(tip. 명암을 표현할 때는 선의 방향과 길이를 고려하여 표현한다.)

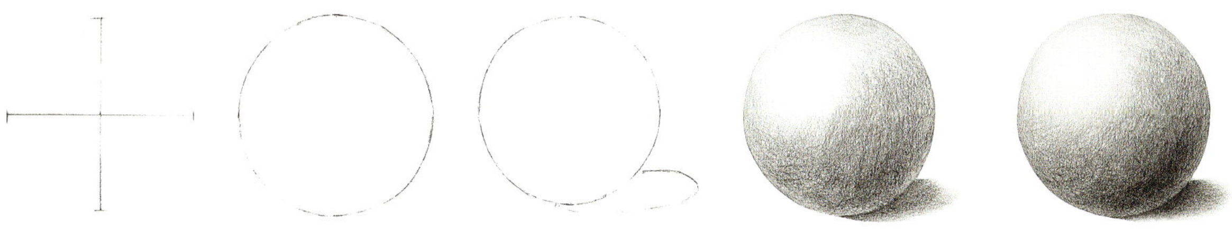

3. 빛의 각도와 정육면체의 실습

정육면체는 6개의 모든 면이 정사각형으로 이루어진 입방체(육면체)이다.

정육면체는 변의 길이가 같으며 수직으로 중점에서 만나며 물체의 삼면이 보이면 입체감이 느껴지고, 각도에 따라 물체의 거리감과 깊이감을 다르게 표현할 수 있다.

정육면체는 상자, 주사위 등 다양한 사물에 응용하여 사용되며 인체를 표현하는데 있어 몸통과 같은 큰 부위를 단순화 할 때 사용된다.

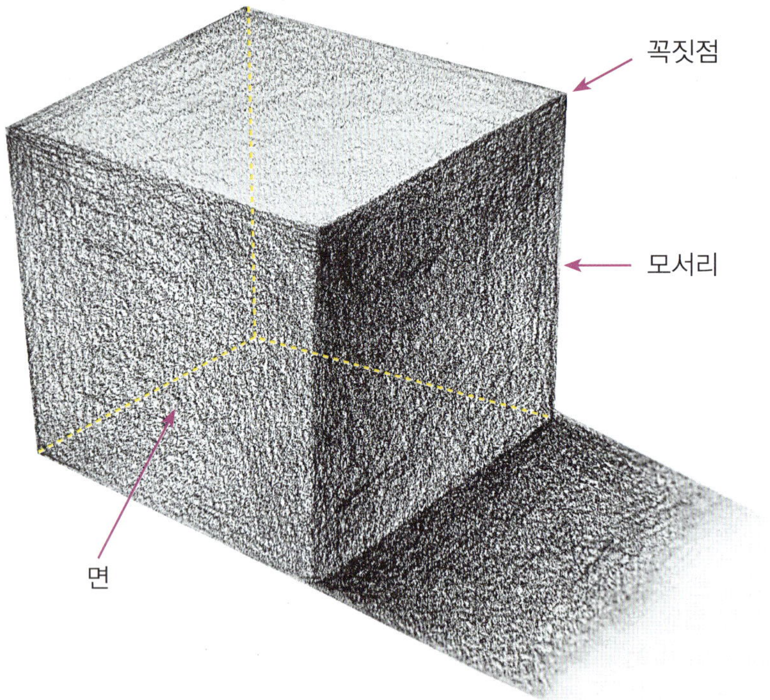

[순서]

① 세로, 가운데, 중심선 7cm 그린다.

② 중심선을 기준으로 가로세로 길이가 비슷하게 하여 Y자 형태로 그린다.
(소실점의 위치를 고려하여 그린다.)

③ Y자 형태에서 소실점 방향으로 평행선을 그어서 정육면체를 완성한다.

④ 빛의 방향에 맞춰 그림자를 그린다.

⑤ 선을 깨끗하게 정리한다.

⑥ 명도 3단계에 맞춰 정육면체와 그림자 명암을 표현한다.

⑦ 중간 명도를 맞춰가며 다양한 방향으로 명암을 쌓는다.

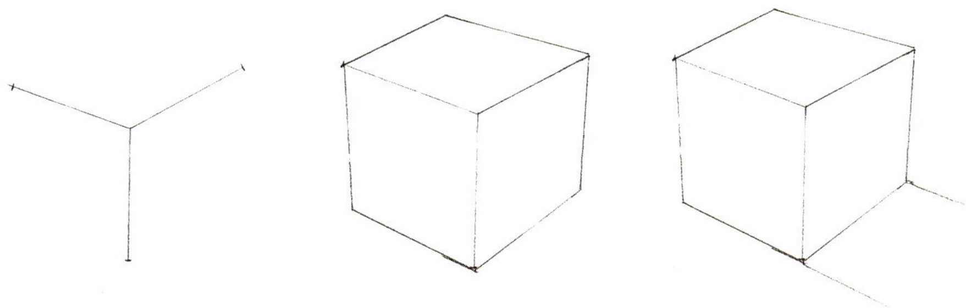

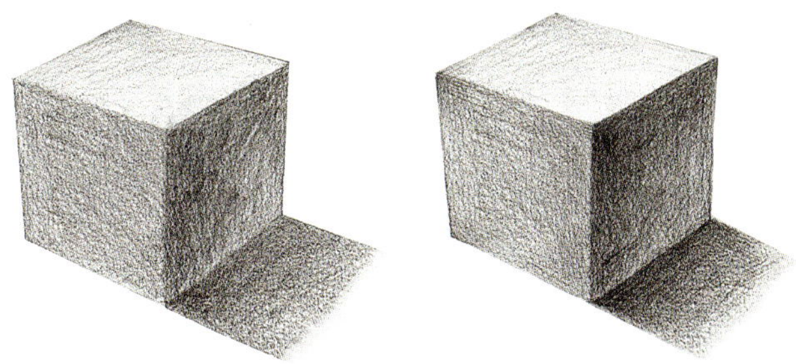

Weeks 4

빛의 각도와 도형 2

1. 빛의 각도와 원기둥의 실습

원기둥은 원으로 된 밑면 2개, 곡면인 옆면으로 이루어져 있다.

원기둥은 위와 아래에 있는 면이 서로 평행하며 합동인 원으로 이루어진 입체 도형으로 원기둥의 원은 평행하는 두 정원으로 이 정원은 눈높이에 따라 타원으로 모양이 변한다.

주로 원기둥은 인체를 표현하는데 있어 몸통이나 팔, 다리로 표현되며 얼굴에서는 콧등, 귀 등을 표현하는데 응용할 수 있다.

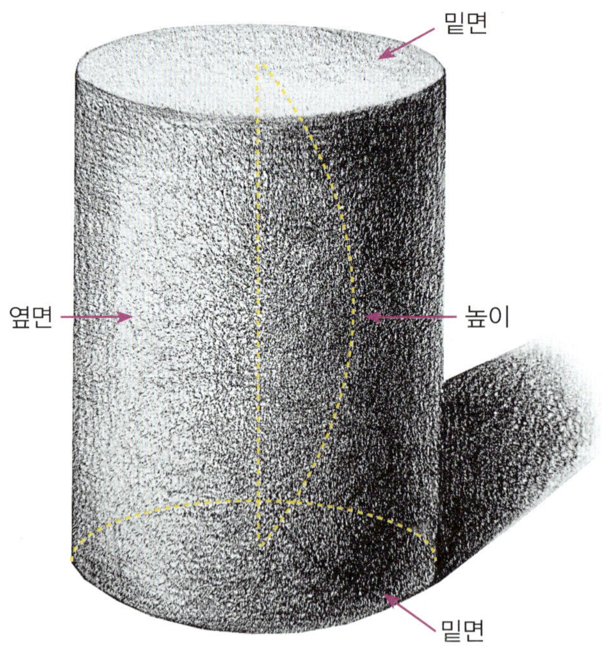

[순서]

① 중심선을 그린다.

② 중심선을 중심으로 가로 6cm(양쪽 3cm)를 표시하고 세로 10cm 선을 그어 직사각형을 그린다.

③ 직사각형 윗면과 아랫면의 위치를 표시한다.
(보이는 위치에 따라 타원형의 크기는 달라질 수 있으므로 윗면과 아랫면이 동일하게 보일 수 있도록 표시한다.)

④ 윗면과 아랫면에 표시한 위치에 맞춰 원을 그린다.

⑤ 빛의 방향에 맞춰 그림자를 그린다.

⑥ 선을 깨끗하게 정리한다.

⑦ 명도 3단계에 맞춰 원기둥과 그림자 명암을 표현한다.

⑧ 중간 명도를 맞춰가며 다양한 방향으로 명암을 쌓는다.

(tip. 명암을 표현할 때는 선의 방향과 길이를 고려하여 표현한다.)

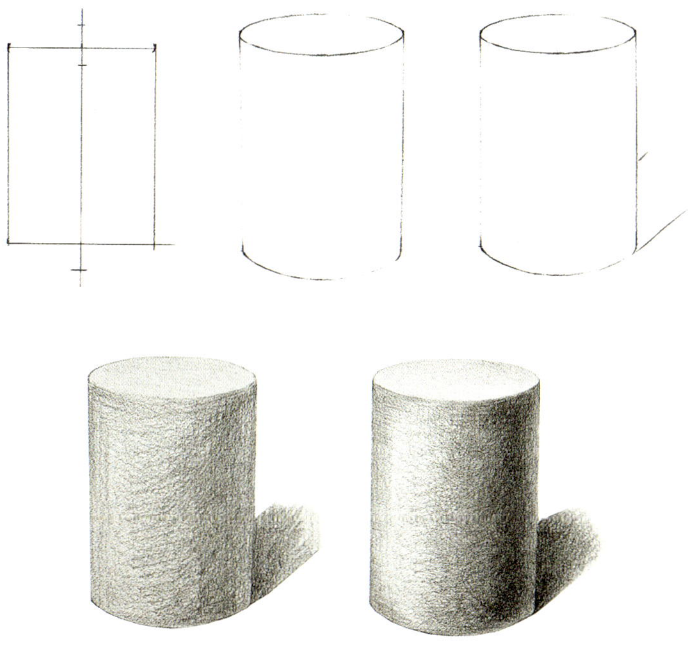

2. 빛의 각도와 원뿔의 실습

원뿔은 밑면이 원인 뿔면을 말한다. 보통 밑면은 원기둥처럼 원이며 위로는 두 줄의 윤곽선이 꼭짓점에서 만나며 정점에서 밑면의 원 중심에서 수직으로 내린 선과 좌우대칭을 이룬다.

원뿔의 모양은 깔대기, 아이스크림콘 등을 참고하면 쉽게 이해할 수 있으며 인체를 표현하는데 코의 모양이나 신체의 일부를 표현하는데 사용된다.

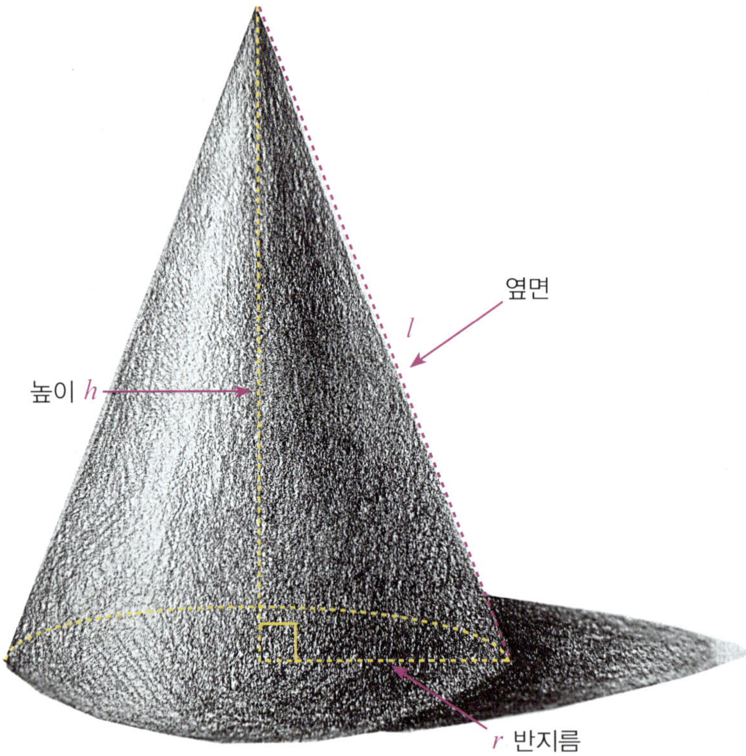

옆면의 길이 $l=\sqrt{h^2+r^2}$

옆면의 넓이 $M=\pi\times r\times l$

$=\pi\times r\times\sqrt{h^2+r^2}$

겉넓이 $O=\pi\times r^2+\pi\times r\times l$

$=\pi\times r\times(r+l)$

부피 $V=\frac{1}{3}\times\pi\times r^2\times h$

[순서]

① 중심선을 그리고 높이는 12cm로 표시한다.

② 중심선을 중심으로 밑면을 가로 6cm(양쪽 3cm)를 표시하여 십자가를 그린다.

③ 밑면을 중심으로 가로 6cm(양쪽 3cm)를 중심선 높이에 맞춰 직선으로 연결하여 꼭짓점을 만든다.

④ 밑면은 십자가에 맞춰 타원형으로 그린다.
(보이는 위치에 따라 타원형의 크기는 달라질 수 있다.)

⑤ 빛의 방향에 맞춰 그림자를 그린다.

⑥ 선을 깨끗하게 정리한다.

⑦ 명도 3단계에 맞춰 원뿔과 그림자 명암을 표현한다.

⑧ 중간 명도를 맞춰가며 다양한 방향으로 명암을 쌓는다.

(tip. 명암을 표현할 때는 선의 방향과 길이를 고려하여 표현한다.)

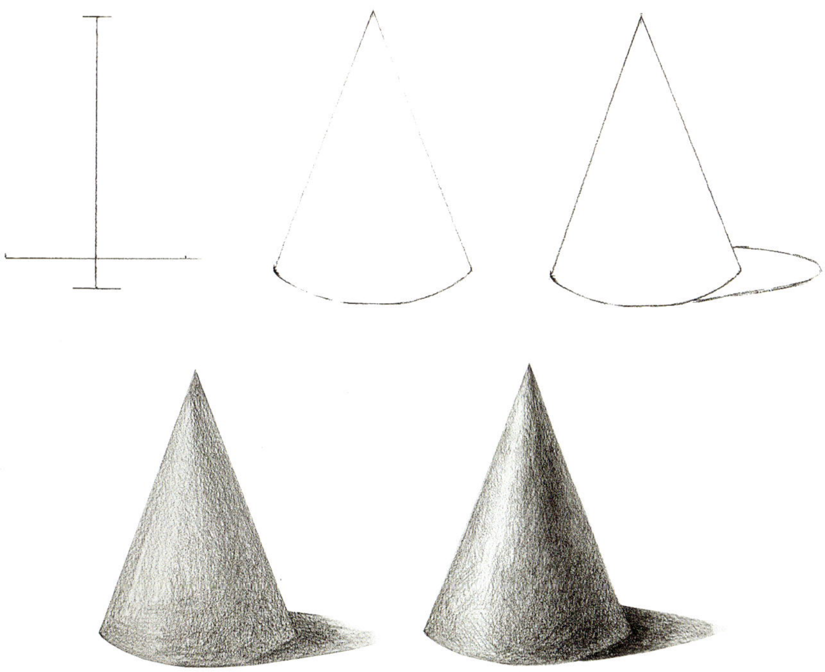

Chapter 4 얼굴의 이해

Weeks 5 얼굴의 이해 1

Weeks 6 얼굴의 이해 2

Weeks 7 얼굴의 이해 3

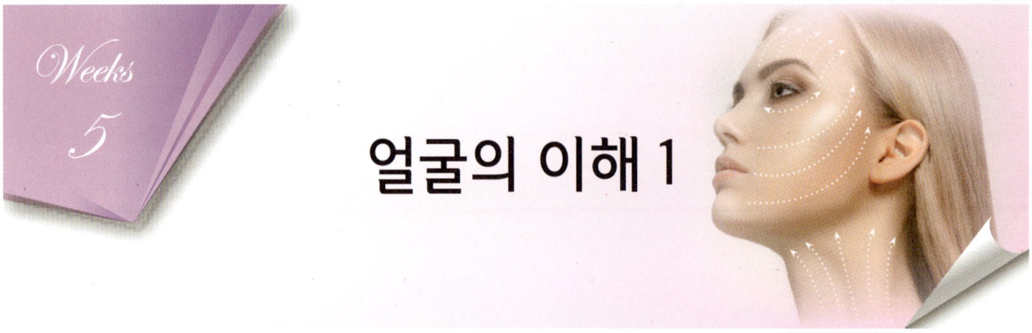

얼굴의 이해 1

1. 눈썹의 이해

눈썹은 얼굴의 인상을 결정짓는 데 큰 역할을 한다. 눈썹은 얼굴의 형태나 눈의 모양을 고려하여 균형 있고 조화로운 눈썹을 그리게 되면 좋은 인상을 연출할 수 있다. 또한 눈썹산의 두께나 각도, 형태에 변화를 주어 이미지를 변화시키며 얼굴의 좌우 균형을 이루게 하여 안정감을 준다.

(1) 눈썹 부위별 명칭

눈썹의 부위는 눈썹 머리, 눈썹 산, 눈썹 꼬리로 되어 있다.

(2) 다양한 눈썹의 형태

① 기본형(표준형)

가장 기본적인 눈썹은 다양한 얼굴형에 다 잘 어울린다.

② 아치형

여성적이고 우아한 이미지에 잘 어울린다. 이마가 넓은 사람, 각진 얼굴, 역삼각형 얼굴에 잘 어울린다.

③ 직선형(일자형)

활동적이며 남성적인 이미지, 두께에 따라 귀여운 이미지에 잘 어울리기도 한다. 긴얼굴형, 긴네모형의 얼굴에 잘 어울린다.

④ 각진형

단정하고 세련된 이미지를 준다. 둥근 얼굴형, 넓은 삼각형 얼굴에 잘 어울린다.

⑤ 상승형

역동적이며 개성있고 강한 이미지에 잘 어울린다. 둥근얼굴형, 각진얼굴형에 잘 어울린다.

(3) 눈썹과 이미지

(4) 실습

[눈썹 위치 실습]

① 눈썹의 길이를 정한다.(약 6cm)

② 눈머리, 눈썹 산, 눈썹 꼬리로 3등분으로 나눈다.

③ 눈머리를 기준으로 눈썹 산을 정한다.(약 2cm)

④ 눈썹 꼬리의 위치를 정한다.

⑤ 눈썹 산과 눈썹 꼬리를 연결하는 위치를 정한다.
(이때 눈썹 꼬리는 눈썹 머리보다 아래로 내려오지 않게 한다.)

⑥ 눈썹의 두께를 고려하여 형태를 잡아 밑그림을 그린다.

⑦ 양쪽 눈썹을 동일하게 그린다.

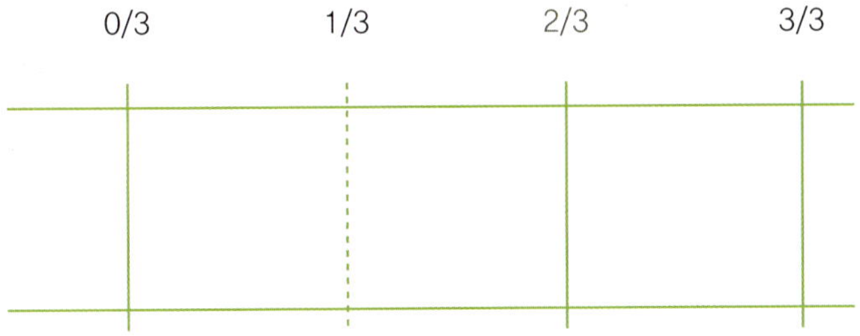
0/3
1/3
2/3
3/3

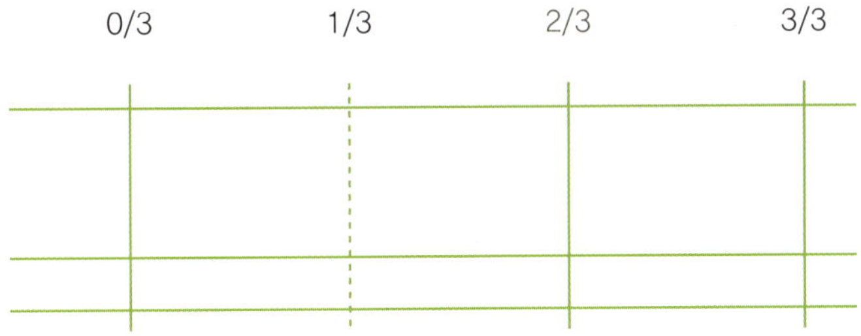
0/3
1/3
2/3
3/3

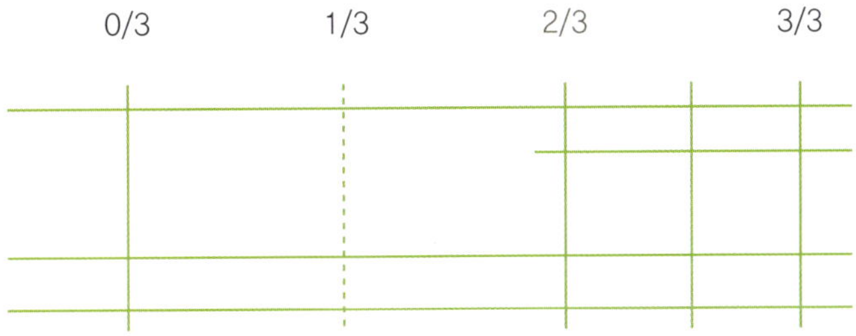
0/3
1/3
2/3
3/3

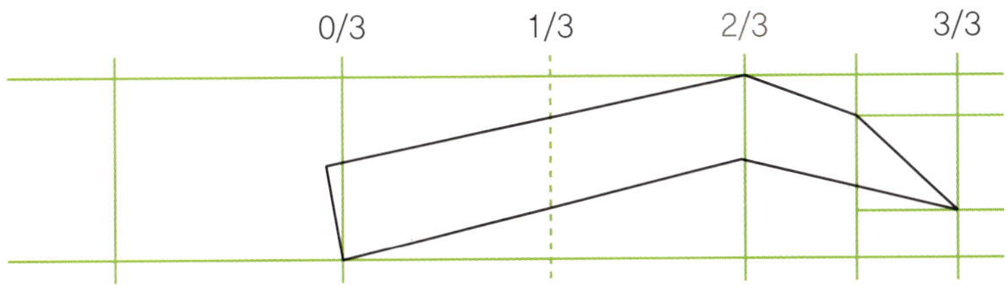
0/3
1/3
2/3
3/3

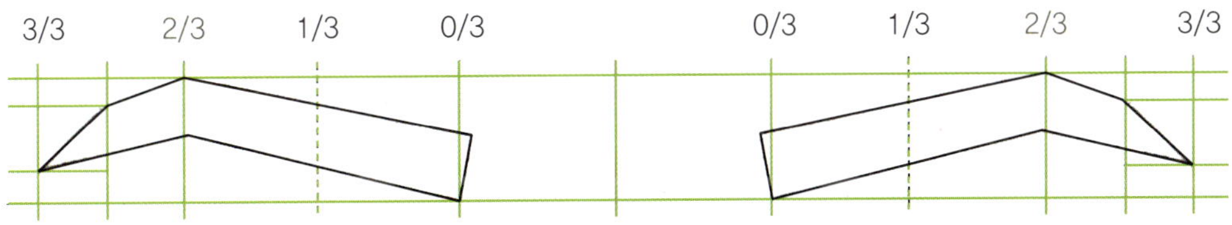
3/3
2/3
1/3
0/3
0/3
1/3
2/3
3/3

[눈썹 표현방법]

① 눈썹의 모양을 그린 후 깨끗하게 정리한다.

② 눈썹의 결을 표현하기 위해 결 방향별로 구분한다.

③ 눈썹의 결방향에 맞춰 그린다.

④ 풍성한 눈썹을 연출하기 위해 면봉을 이용하여 그라데이션 한다.
(이때 눈썹 털의 방향과 빛의 방향을 고려하여 아랫부분은 진하게, 윗부분은 밝게 그린다.)

⑤ 자연스러운 눈썹을 연출하기 위해 그렸던 눈썹모양의 라인을 지운다.

⑥ 전체적으로 눈썹의 결을 살려 표현한다.
(이때 앞머리보다 눈썹 산 부분을 진하게 표현한다.)

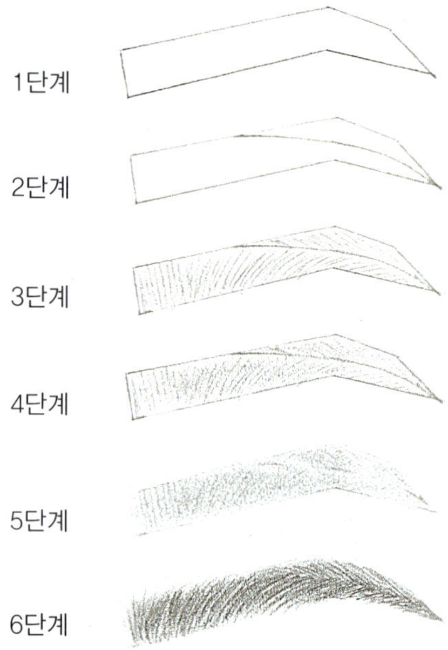

2. 눈의 이해

눈의 모양은 눈썹과 더불어 얼굴의 이미지를 결정하는 중요한 부분으로 성격, 나이 등을 표현할 수 있다.

1. 눈 부위별 명칭

눈은 크게 동공, 홍채, 공막, 상안검, 하안검, 누구, 속눈썹 등이 있다.

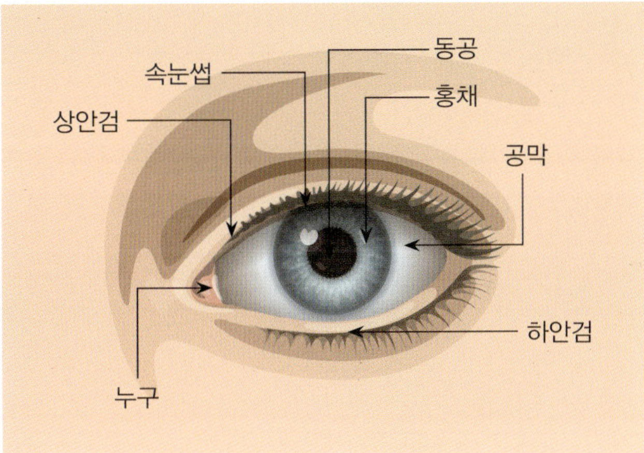

2. 눈의 종류

① 표준 눈

가장 이상적인 눈으로, 반달형의 형태를 이루고 있으며 이상적이 눈이기 때문에 이미지를 표현할 때 가장 좋다.

② 큰 눈

큰 눈은 얼굴에 비해 눈이 크므로 귀여운 이미지로 보여진다.

③ 작은 눈

동양인에게 많은 눈의 형태로 쌍커플이 안으로 말려들어간 형태가 많으며 다소 날카로운 이미지로 보여질 수 있다.

④ 눈두덩이 나온 눈

옆으로 보았을 때 눈이 부어 보이는 눈으로 눈두덩이에 지방이 많은 경우가 많다.

⑤ 움푹 들어간 눈

자칫 나이 들어 보일 수 있는 눈의 형태로 눈꺼풀이 얇으며 탄력이 없다.

⑥ 처진 눈

눈꼬리가 아래로 쳐진 눈으로 순수하고 착한 이미지로 보여진다.

⑦ 올라간 눈

눈앞머리는 아래로 눈꼬리는 위쪽으로 올라가 있어 화가나 보이거나 날카로운 이미지로 보여진다.

⑧ 눈과 눈 사이가 먼 눈

눈과 눈 사이가 눈 길이보다 넓은 경우로 어린아이같은 이미지로 보여진다.

⑨ 눈과 눈 사이가 가까운 눈

눈과 눈 사이가 눈 길이보다 가까워 앞으로 쏠려보여 날카로운 이미지로 보여진다.

3. 각도 별 눈의 형태

눈은 각도별로 정면, 사면, 측면으로 살펴볼 수 있다.

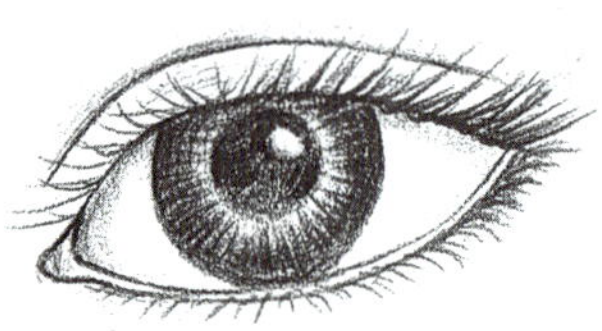

정면

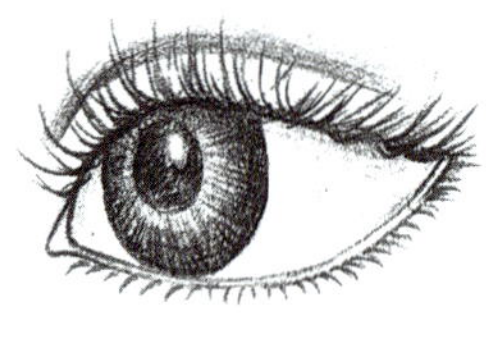

사면

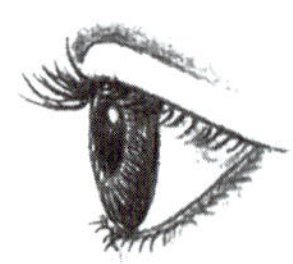

측면

4. 눈 이미지 자료 수집

다양한 눈 이미지를 찾아 붙여본다.

5. 실습

[정면]

① 가로선과 세로선의 중심선을 눈동자의 위치에 맞춰 그린다.

② 눈의 크기를 고려하여 가로와 세로의 폭을 정한다.

③ 폭에 맞춰 타원형의 형태로 연결한다.

④ 눈머리 부분과 눈꼬리 부분을 길게 뺀 후 눈머리보다 눈꼬리 부분을 올려 그린다.

⑤ 중심선을 눈동자로 잡아 눈동자 부분이 눈꺼풀에 살짝 가려지도록 그린다.

⑥ 눈의 동공, 홍채, 공막, 상안검, 하안검, 누구, 쌍꺼풀을 디테일하게 그린다.

⑦ 동공과 홍채를 표현하고 전체적으로 명암처리를 한다.

⑧ 상하 속눈썹을 그린다.
(이때 속눈썹은 결 방향과 길이를 고려하여 자연스럽게 표현한다.)

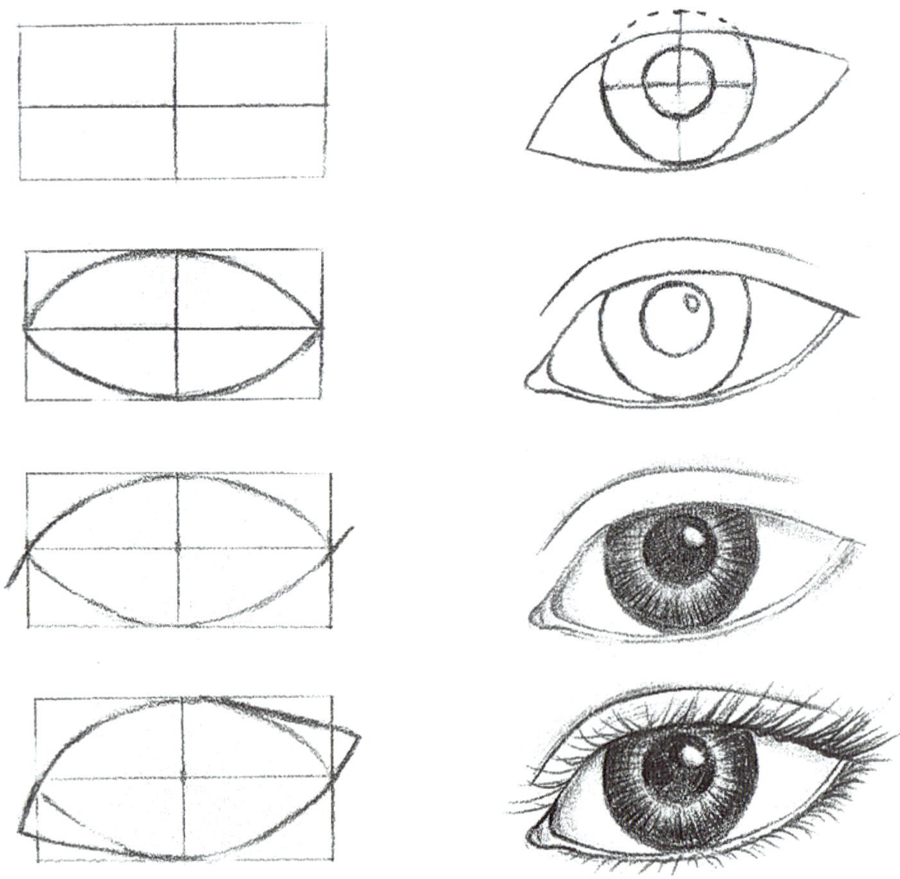

[사면]

① 가로선과 세로선의 중심선을 눈동자의 위치에 맞춰 그린다.(2:8)

② 눈의 크기를 고려하여 가로와 세로의 폭을 정한다.
(이때 정면보다는 폭을 좁게 그린다.)

③ 폭에 맞춰 타원형의 형태로 연결한다.

④ 눈머리 부분과 눈꼬리 부분을 길게 뺀 후 눈머리보다 눈꼬리 부분을 올려 그린다.

⑤ 중심선을 눈동자로 잡아 눈동자 부분이 눈꺼풀에 살짝 가려지도록 그린다.

⑥ 눈의 동공, 홍채, 공막, 상안검, 하안검, 누구, 쌍꺼풀을 디테일하게 그린다.

⑦ 동공과 홍채를 표현하고 전체적으로 명암처리를 한다.

⑧ 상하 속눈썹을 그린다.
(이때 속눈썹은 결 방향과 길이를 고려하여 자연스럽게 표현한다.)

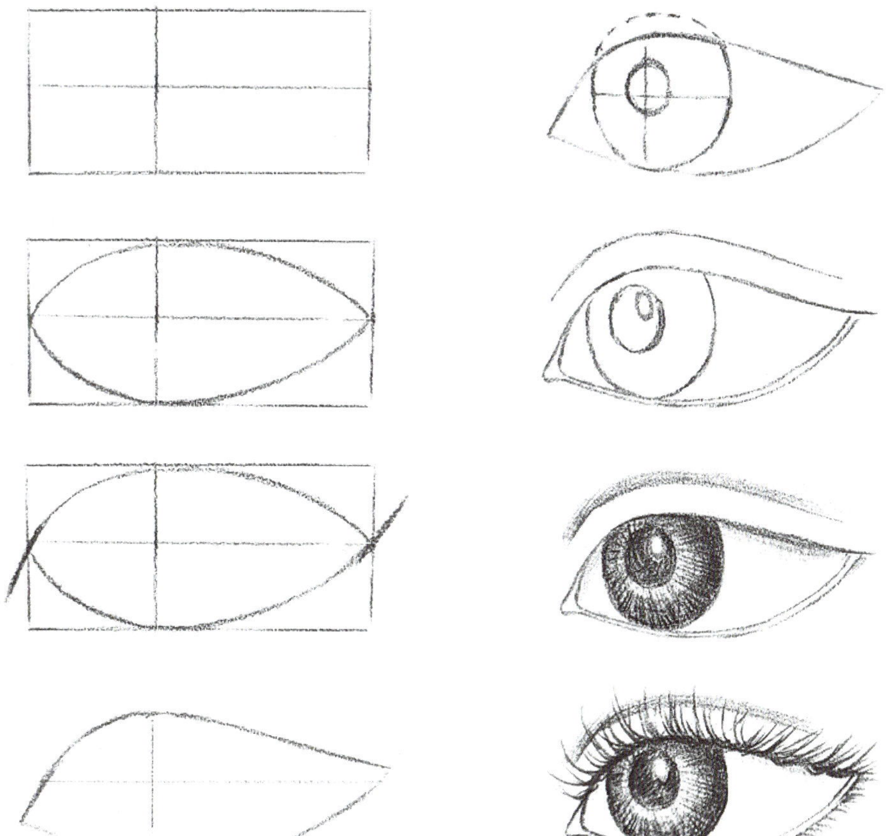

[측면]

① 눈의 크기를 고려하여 가로와 세로의 폭을 정한다.
(이때 정면의 절반으로 그린다.)

② 눈동자의 위치를 고려하여 눈의 모양을 연결한다.

③ 눈동자 부분이 눈꺼풀에 살짝 가려지도록 그린다.

④ 눈의 동공, 홍채, 공막, 상안검, 하안검, 쌍꺼풀을 디테일하게 그린다.

⑤ 동공과 홍채를 표현하고 전체적으로 명암처리를 한다.

⑥ 상하 속눈썹을 그린다.
(이때 속눈썹은 결 방향과 길이를 고려하여 자연스럽게 표현한다.)

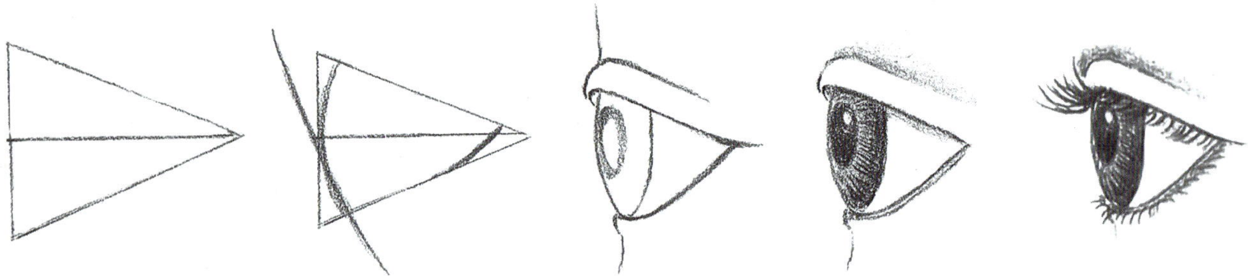

3. 코의 이해

코는 얼굴 길이의 1/3 정도로 콧볼의 넓이는 얼굴의 1/5이며, 눈의 길이와 같으며 눈 사이의 넓이와 같다.

콧날이 지나치게 가늘거나 두루뭉실해서 윤곽이 뚜렷하지 않으면 인상도 날카롭거나 흐릿해 보일 수 있다.

1. 코 부위별 명칭

코는 앞으로 보았을 때 콧대, 코끝(콧망울), 콧볼(콧날개), 비주가 있다.

[앞]

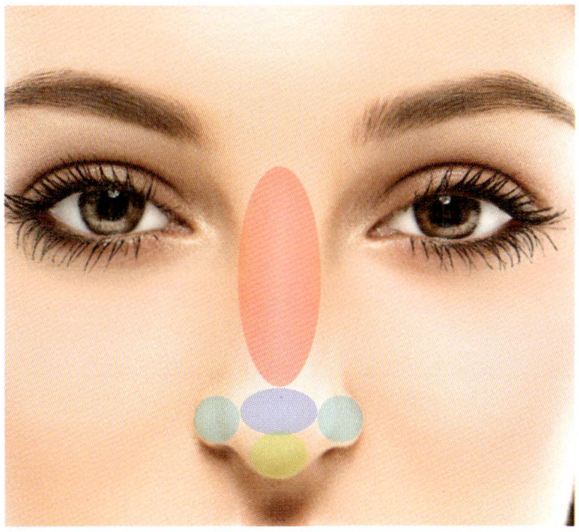

[옆]

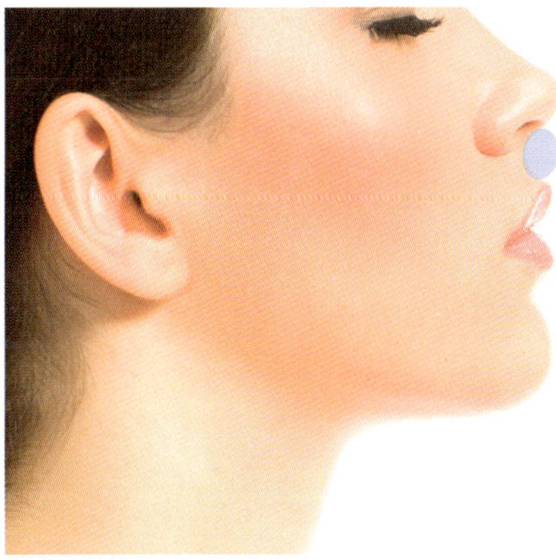

2. 코의 종류

① **긴코** : 코의 길이가 길면 나이가 들어보인다.

② **짧은코** : 코의 길이가 짧으면 귀여운 이미지로 보인다.

③ **작은코** : 콧 구멍이 작아 다소 답답해 보일 수 있다.

④ **넓은코** : 콧 날개가 넓어 코가 퍼져 보이며 주로 흑인에게서 많이 나타난다.

⑤ **들창코** : 일명 돼지코로 정면에서 콧구멍이 보인다.

⑥ **매부리코** : 새의 부리처럼 콧등이 휜 코로 서양인에게서 많이 보이며 여성보다는 남성에게 많이 나타난다. 남성적인 이미지로 보여진다.

3. 각도별 코의 형태

코는 각도별로 정면, 사면, 측면으로 살펴볼 수 있다.

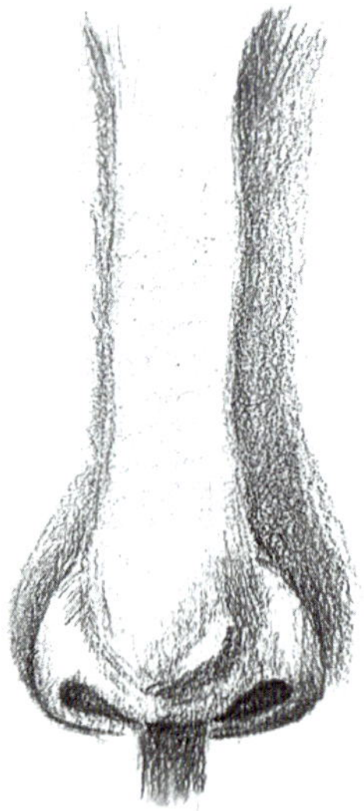

정면

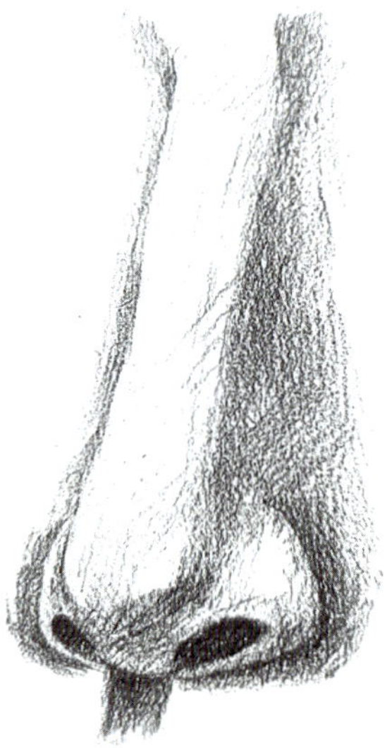

사면

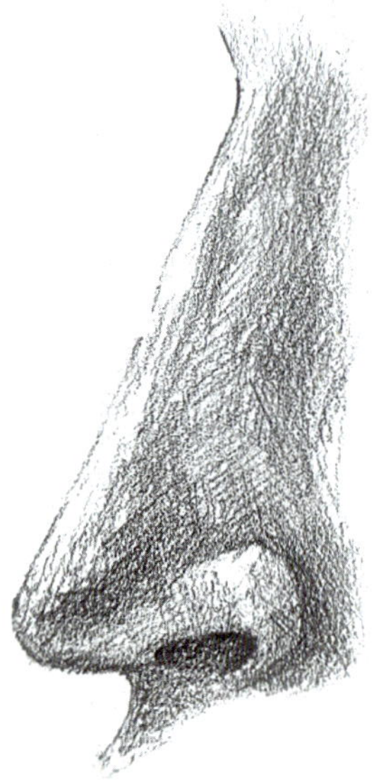

측면

4. 코 이미지 자료수집

다양한 코 이미지를 찾아 붙여본다.

5. 실습

[정면]

① 코의 중심선을 기준으로 코의 길이를 그린다.

② 좌우 대칭에 맞게 양쪽의 비율을 동일하게 하여 콧대, 콧방울, 콧볼의 위치를 잡는다.

③ 콧대, 콧방울, 콧볼을 연결한다.

④ 코의 콧대, 콧방울, 콧볼, 인중을 디테일하게 그린다.

⑤ 콧대, 콧방울, 콧볼, 인중을 전체적으로 명암처리를 한다.
(이때 콧구멍 안쪽은 진하게 표현하여 입체감이 나타나게 콧구멍을 표현한다.)

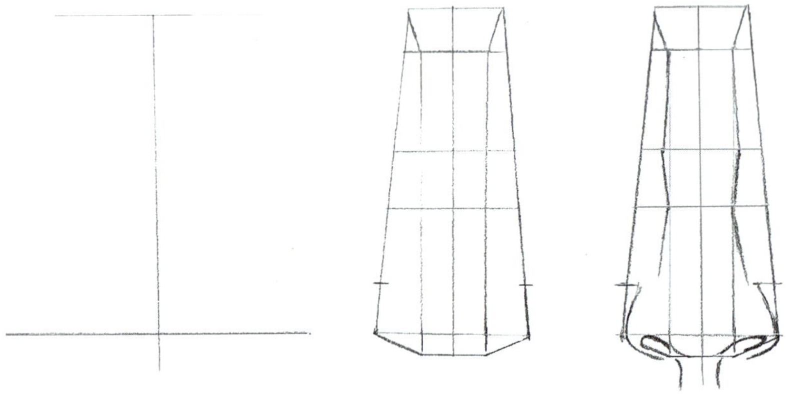

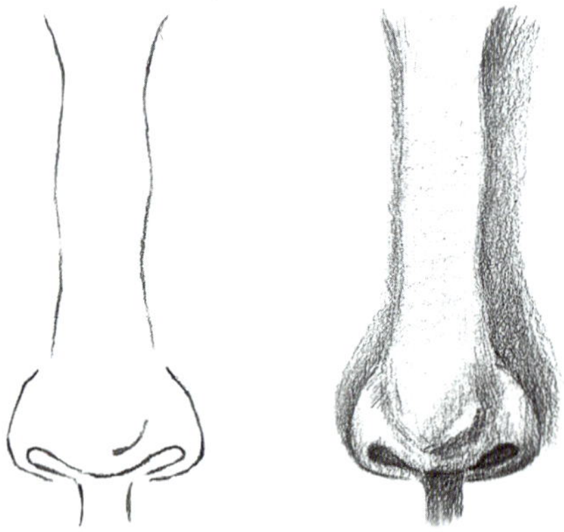

[사면]

① 코의 길이를 중심으로 사면을 대각선으로 그린 후 코의 높이를 고려하여 삼각뿔 형태가 되도록 그린다. (2:8)

② 보여지는 코의 방향에 맞춰 좌우 비율을 다르게 하여 콧대, 콧방울, 콧볼의 위치를 잡는다.

③ 콧대, 콧방울, 콧볼을 연결한다.

④ 코의 콧대, 콧방울, 콧볼, 인중을 디테일하게 그린다.

⑤ 콧대, 콧방울, 콧볼, 인중을 전체적으로 명암처리를 한다.
(이때 콧구멍 안쪽은 진하게 표현하여 입체감이 나타나게 콧구멍을 표현한다.)

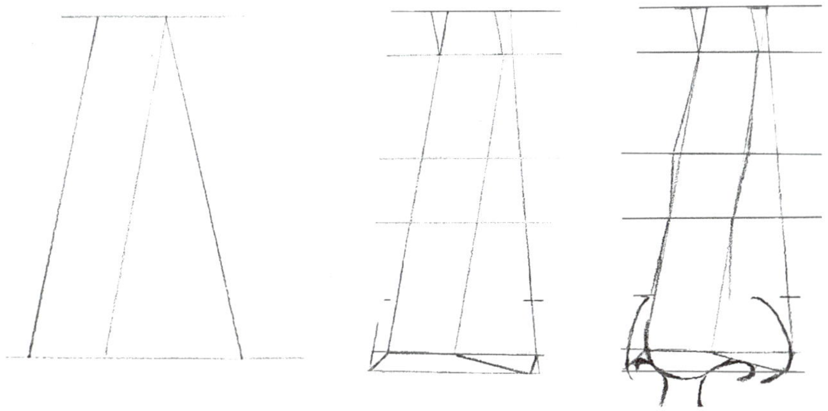

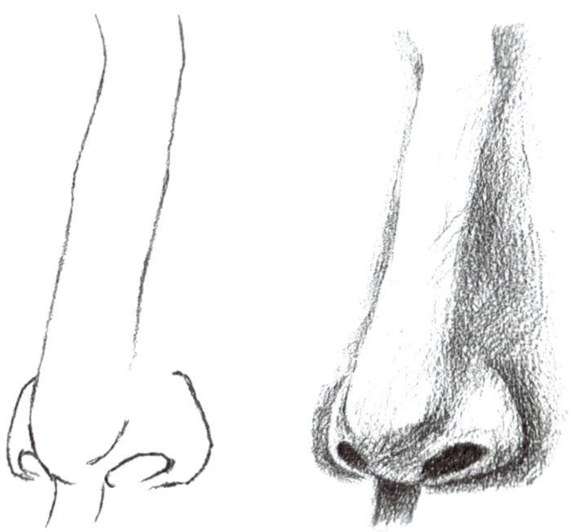

[측면]

① 코의 길이를 중심으로 코의 높이를 고려하여 삼각형을 그린다.

② 콧대, 콧방울, 콧볼의 위치를 잡는다.

③ 콧대, 콧방울, 콧볼을 연결한다.

④ 코의 콧대, 콧방울, 콧볼, 인중을 디테일하게 그린다.

⑤ 콧대, 콧방울, 콧볼, 인중을 전체적으로 명암처리를 한다.
(이때 콧구멍 안쪽은 진하게 표현하여 입체감이 나타나게 콧구멍을 표현한다.)

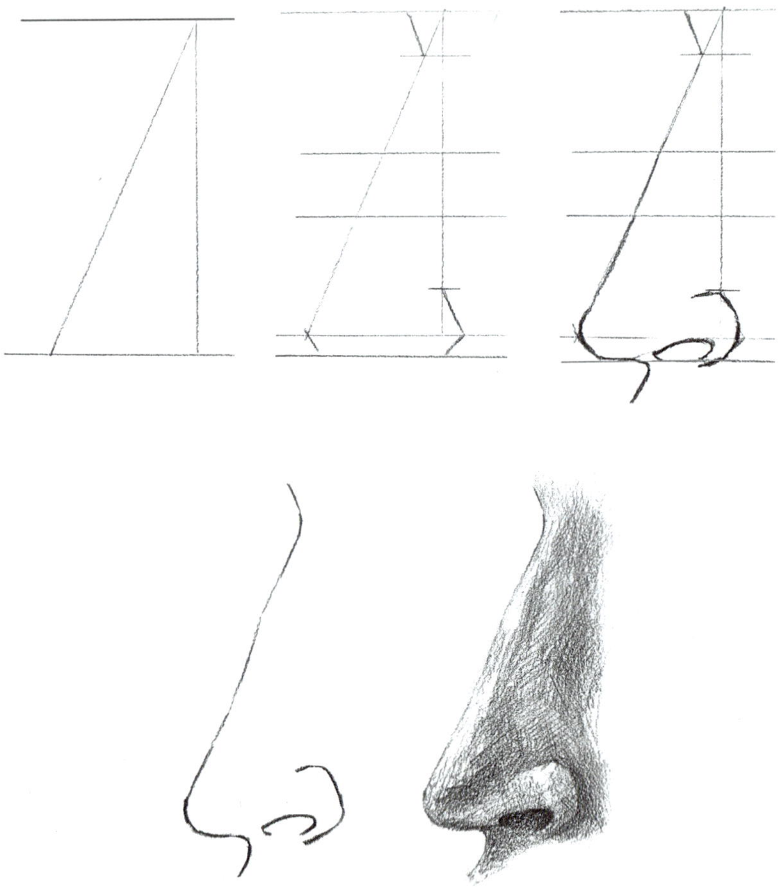

4. 입술의 이해

입술은 얼굴 형태에서 이미지를 결정하는데 중요한 역할을 한다. 입술의 길이, 두께는 다양한 이미지를 만들어낸다. 입술은 윗입술과 아랫입술의 비율이 1:2나 1:1.5가 가장 이상적이다.

1. 입술 부위별 명칭

입술은 입술라인, 윗입술(상순), 아랫입술(하순), 입술구각, 턱 끝혀고랑, 인중으로 나누어 진다.

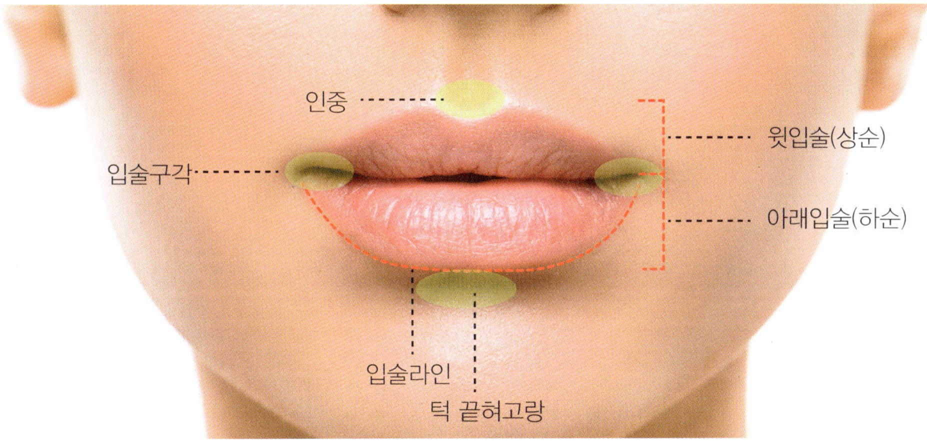

2. 입술의 종류

① 직선형(Straight Curve)

구각에서 입술산까지의 선이 직선형으로 활동적이고 지적인 이미지이다.

② 인 커브형(In Curve)

원래의 입술보다 1~2mm 이내로 작은 입술로 귀엽고 여성스러운 이미지이다.

③ 아웃 커브형(Out Curve)

원래 입술보다 크고 입술산이 둥근 형태로 성숙하고 여성스러운 이미지이다.

3. 각도 별 입술의 형태

입술은 각도별로 정면, 사면, 측면으로 살펴볼 수 있다.

정면 사면 측면

4. 입술 이미지 자료수집

다양한 입술 이미지를 찾아 붙여본다.

5. 실습

[정면]

① 가로선을 그린 후 좌우 동일하게 1/2로 나눈다.

② 입술의 두께를 고려하여 세로선(중심선)을 그린다. (윗입술 : 아랫입술 = 1 : 1.5)

③ 입술의 길이를 1/2로 나눈 지점 사이를 다시 1/2로 나누어 표시하고 연결하여 윗입술을 그린다.

④ 입술의 길이를 1/2로 나눈 지점을 연결하여 아랫입술을 그린다.

⑤ 입술산을 그리기 위해 입술산 위치에서 중심선으로 연결하고 입술산의 길이를 조정한다.

⑥ 입술의 입술산, 입술라인, 입술 구각을 디테일하게 그린다.

⑦ 입술산, 입술라인, 입술 구각을 입술주름 방향에 맞춰 그리고 명암처리를 한다. (이때 입술과 입술 사이는 진하게 명암처리하여 분리시킨다.)

⑧ 입술을 입체적으로 표현하기 위해 입술 주름 방향을 중심으로 윤곽을 잡는다. (이때 입술라인과 좌우 끝 부분은 약간 어둡게, 입술의 볼록한 부분은 밝게 표현한다.)

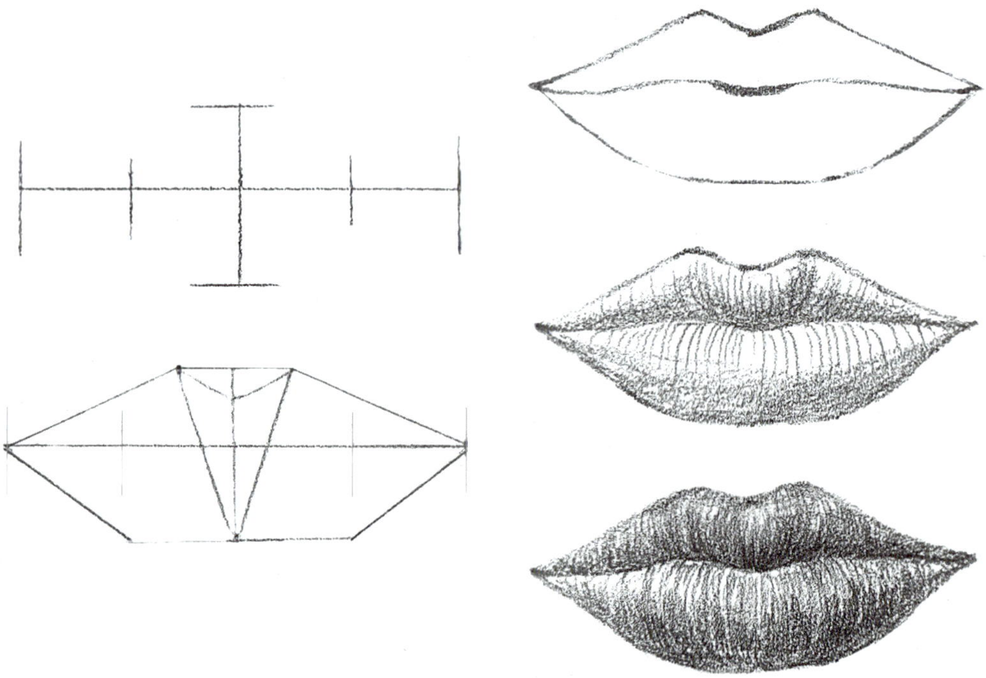

[사면]

① 가로선과 세로선의 중심선을 입술산의 위치에 맞춰 그린다.(2 : 8)

② 입술의 두께를 고려하여 세로선(중심선)을 그린다. (윗입술 : 아랫입술 = 1 : 1.5)

③ 좌우 길이에 맞춰 길이를 1/2로 나눈 지점 사이를 다시 1/2로 나누어 표시하고 연결하여 윗입술을 그린다.

④ 좌우 길이에 맞춰 길이를 1/2로 나눈 지점을 연결하여 아랫입술을 그린다.

⑤ 입술산을 그리기 위해 입술산 위치에서 중심선으로 연결하고 입술산의 길이를 조정한다.

⑥ 입술의 입술산, 입술라인, 입술 구각을 디테일하게 그린다.

⑦ 입술산, 입술라인, 입술 구각을 입술 주름 방향에 맞춰 그려주고 명암처리를 한다. (이때 입술과 입술 사이는 진하게 명암처리하여 분리시킨다.)

⑧ 입술을 입체적으로 표현하기 위해 입술 주름 방향을 중심으로 윤곽을 잡는다. (이때 입술라인과 좌우 끝 부분은 약간 어둡게, 입술의 볼록한 부분은 밝게 표현한다.)

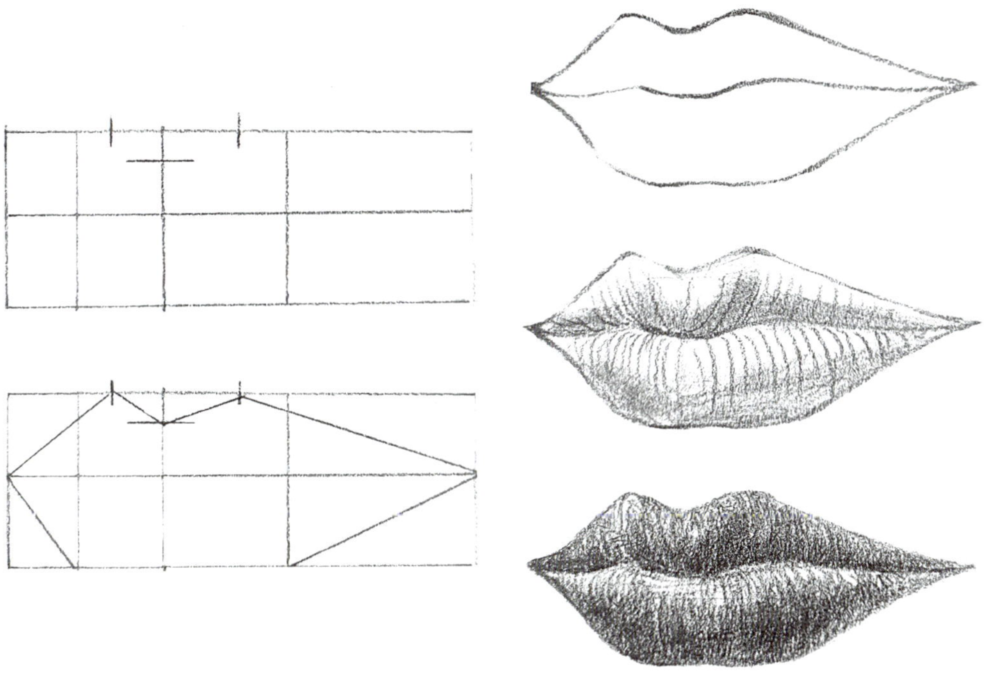

[측면]

① 가로선과 세로선의 중심선을 그린다.

② 입술의 두께를 고려하여 세로선(중심선)을 그린 후(윗입술 : 아랫입술 = 1 : 1.5) 윗입술이 아랫입술보다 앞으로 나올 수 있도록 기울기를 정해 그린다.

③ 입술산과 구각의 위치를 그린다.

④ 입술산, 입술라인, 입술 구각을 연결한다.

⑤ 입술의 입술산, 입술라인, 입술 구각을 디테일하게 그린다.

⑥ 입술산, 입술라인, 입술 구각을 입술 주름 방향에 맞춰 그려주고 명암처리를 한다. (이때 입술과 입술 사이는 진하게 명암처리하여 분리시킨다.)

⑦ 입술을 입체적으로 표현하기 위해 입술 주름 방향을 중심으로 윤곽을 잡는다. (이때 입술라인과 좌우 끝 부분은 약간 어둡게, 입술의 볼록한 부분은 밝게 표현한다.)

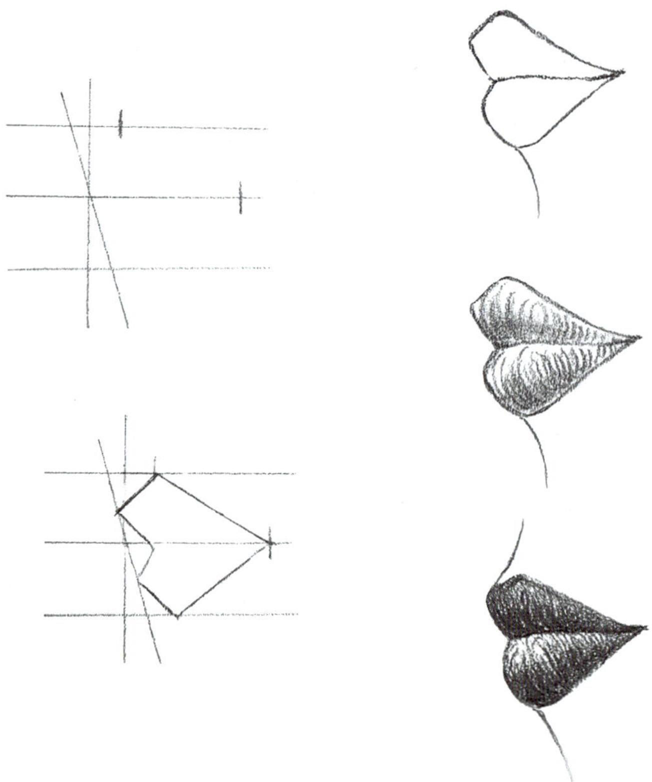

4. 귀의 이해

귀는 제 2의 지문이라고 할 정도로 같은 사람이 거의 없으며, 이상적인 귀의 형태는 귀의 대칭 정도가 3mm 이내, 귀의 높이는 7cm 정도, 귀는 정면에서 눈썹과 코끝 사이에 위치하며 측면에서 봤을 때 머리 전체 길이의 1/3 정도가 적당하다.

측면을 기준으로 귀가 8~10° 뒤쪽으로 누운 각도가 이상적이며 귀의 대이륜과 귓바퀴가 모두 보이는 것이 이상적이며, 옆머리 직선을 기준으로 귀의 너비와 길이의 비율은 4:7이 이상적이다.

1. 귀 부위별 명칭

겉귀의 드러난 가장자리 부분을 귓바퀴라고 한다. 귓바퀴는 연골로 되어 쭈그러져 있으며, 밖에서 들려오는 소리를 귓구멍으로 들어가기 쉽게 하는데, 이 부분만 칭해 귀라고 부르기도 한다.

귀의 바깥쪽 부분은 귓바퀴와 외이도로 이루어져 있으며 귀의 모양은 사람마다 다양하다.

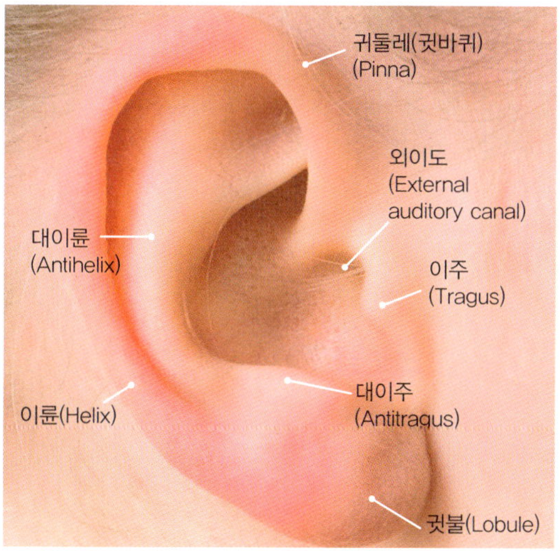

2. 귀의 종류

① 돌출귀

돌출귀는 당나귀 귀와 모양이 비슷하다고 하여 당나귀 귀라고도 불린다.
상대적으로 얼굴이 작아보일 수 있다.

② 칼귀

칼귀는 굴곡없이 칼처럼 삐죽한 귀를 말하며 귓불이 잡아당겨진 것처럼 직선으로 얼굴에 연결되어 있다. 귀의 선이 날카로워 인상이 강해 사나운 느낌을 줄 수 있다.

③ 누운귀

누운귀는 선천적으로 또는 후천적으로 귀가 머리 쪽으로 지나치게 붙은 귀를 의미한다. 누운귀는 정면에서 귀가 잘 보이지 않으며 특히 사진을 찍으면 귀가 없는 사람처럼 보이는 문제가 있다.

④ 접힌귀

일반적으로 돌출귀, 원숭이 귀, 당나귀 귀 등의 말은 익숙하지만 수축귀, 접힌귀라는 단어는 생소한 느낌이 있다. 컵처럼 말려있다고 하여 의학적으로는 컵귀라고도 부르는데 수축귀는 보통 귀가 쪼그라들며 숙여지는 형상이다.

⑤ 뾰족귀

뾰족귀는 귀 상부 또는 하부가 날카로우며 전체적으로 긴 타원 형태로 되어 있다.

3. 각도별 귀의 형태

얼굴 정면을 중심으로 귀는 각도별로 정면, 측면으로 살펴볼 수 있다.

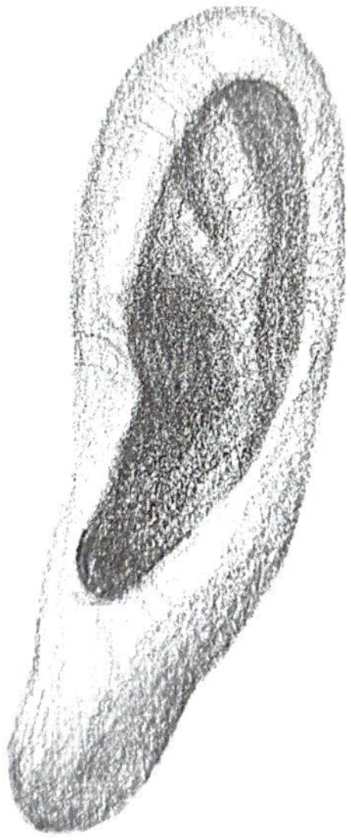

정면

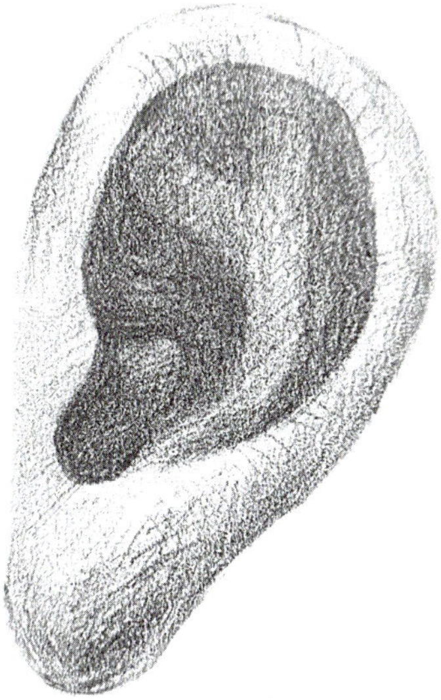

측면

4. 귀 이미지 자료수집

다양한 귀 이미지를 찾아 붙여본다.

5. 실습

얼굴을 정면으로 귀의 정면은 귀의 모양이 귀 둘레를 중심으로 보이며 세부적인 것들은 잘 보이지 않는다.

[정면]

① 귀의 길이와 폭을 고려하여 좁은 직사각형을 그린다.

② 귀의 방향을 고려하여 대각선의 선을 그리고 귀 둘레를 중심으로 큰 형태를 잡아 연결한다.
(이때 귀의 모양은 매우 다양하기 때문에 이미지를 고려하여 형태를 자유롭게 잡는다.)

③ 귀 둘레, 대이륜, 귓불, 외이, 이주, 대이주, 외이도를 디테일하게 그린다.

④ 귀 둘레, 대이륜, 귓불, 외이, 이주, 대이주, 외이도를 입체적으로 명암처리를 한다.

⑤ 귀를 입체적으로 표현하기 위해 세부적인 표현을 한다.

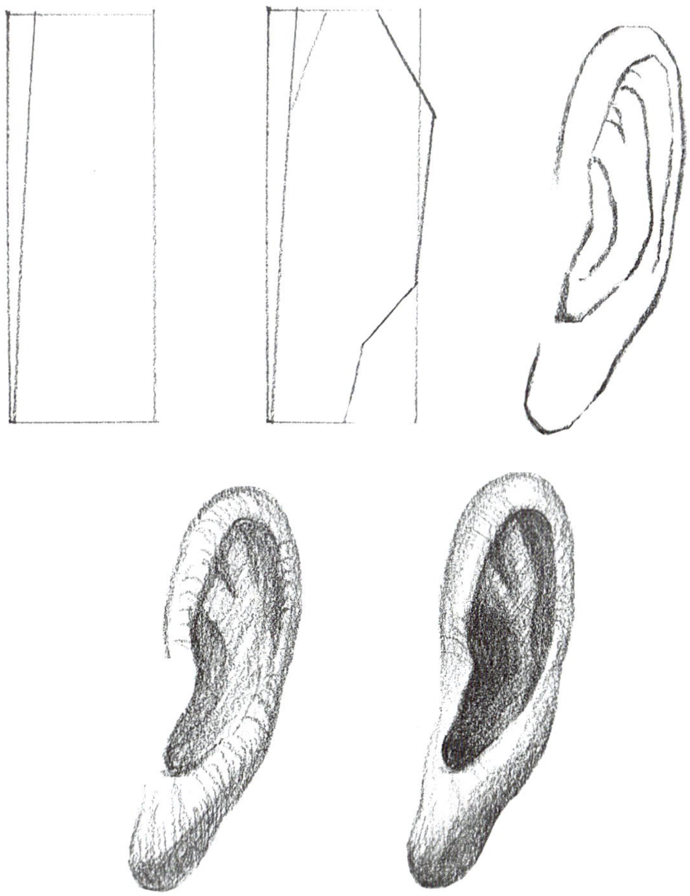

[측면]

① 귀의 길이와 폭을 고려하여 직사각형을 그린다.

② 귀 둘레를 중심으로 큰 형태를 잡아 연결한다.
(이때 귀의 모양은 매우 다양하기 때문에 이미지를 고려하여 형태를 자유롭게 잡는다.)

③ 귀 둘레, 대이륜, 귓불, 외이, 이주, 대이주, 외이도를 디테일하게 그린다.

④ 귀 둘레, 대이륜, 귓불, 외이, 이주, 대이주, 외이도를 입체적으로 명암처리를 한다.

⑤ 귀를 입체적으로 표현하기 위해 세부적인 표현을 한다.

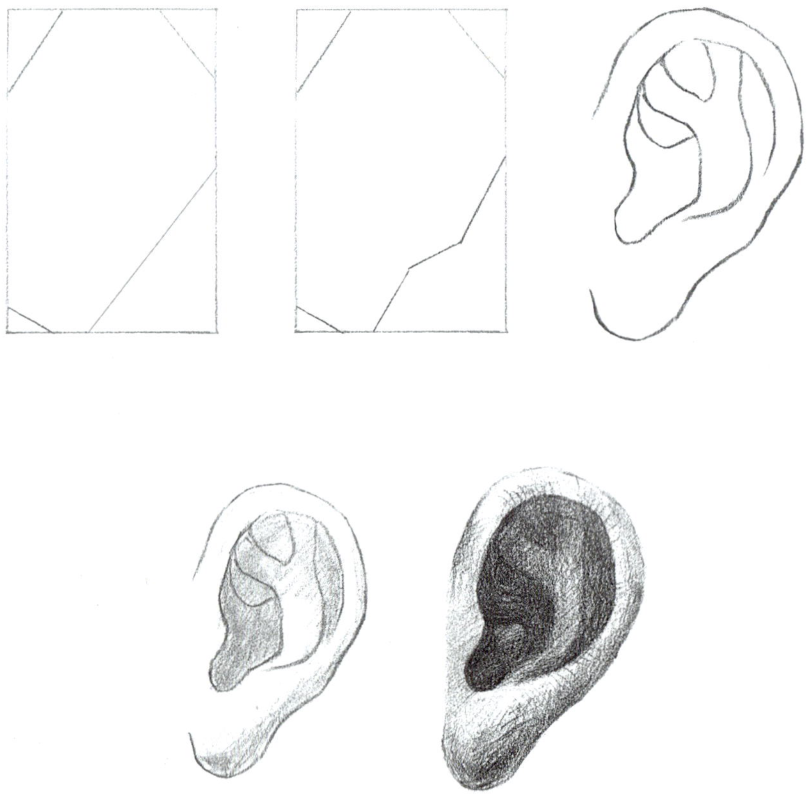

Weeks 6

얼굴의 이해 2

1. 헤어의 이해

1. 헤어 부위별 명칭

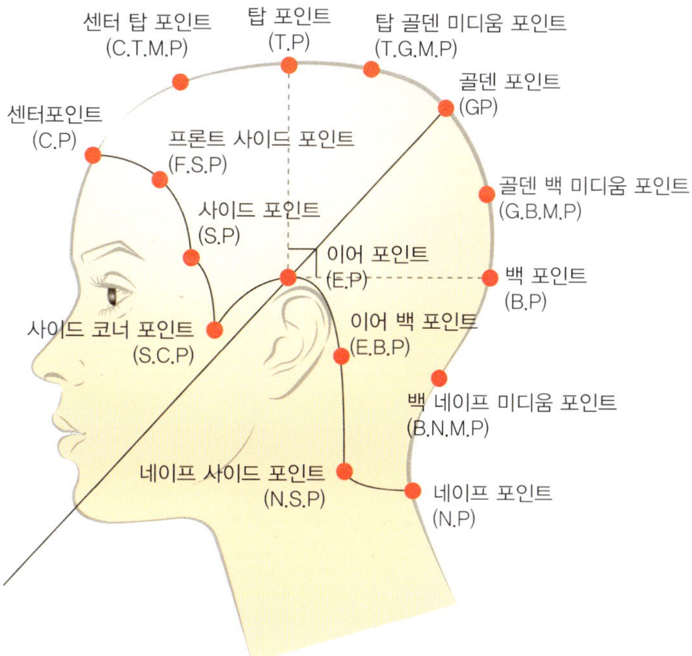

두상의 15point

번호	기호	명칭
1	E.P	Ear Point(귀 가운데 윗 부분)
2	C.P	Center Point(가운데 페이스라인)
3	T.P	Top Point(두상에서 가장 높은 부분)
4	G.P	Golden Point(T.P와 B.P가 수직으로 만나는 부분)
5	B.P	Back Point(뒷통수에서 가장 높은 부분)
6	N.P	Nape Point(뒷목 가운데 부분)
7	F.S.C	Front Side Point(앞쪽 관자놀이)
8	S.P	Side Point(관자놀이)
9	S.C.P	Side Corner Point(측면 모서리 지점)
10	E.B.P	Ear Back Point(귀 뒤 지점)
11	N.S.P	Nape Side Point(목덜미 쪽 지점)
12	C.T.M.P	Center Top Medium Point(중앙 상단 중간지점)
13	T.G.M.P	Top Golden Medium Point(탑 골든 미디엄 포인트)
14	G.B.M.P	Golden Back Medium Point(골든 백 미디엄 포인트)
15	B.N.M.P	Back Nape Medium Point(등 목덜미 중간 지점)

2. 헤어 파트의 이해

라인명	설명
정중선	• C.P와 N.P 연결라인을 말한다.
리센션 라인	• 양 쪽 S.P 연결라인을 말한다.
Face line(얼굴선)	• 정면을 기준으로 C.P에서 양쪽 S.C.P 까지의 라인을 말한다. • 페이스 라인의 주변 모발은 얼굴의 이미지를 완성시켜 준다.
Ear line(귀선)	• 측면을 기준으로 S.C.P ~ E.B.P 까지의 연결된 라인을 말한다.
Hem line(헴 라인)	• 귀 뒤 S.C.P ~ N.S.P 가장자리 연결라인을 말한다. • 헴 라인은 모발이 자라지 않는 부분의 경계선을 말한다.
Nape line(목선)	• 뒷면에서 기준으로 E.B.P에서 반대쪽 E.B.P까지 연결한 라인을 말한다. • 네이프 라인의 주변 모발은 뒤쪽 모발의 길이를 결정한다.

2. 헤어스타일의 종류

1. 롱 헤어

2. 미디엄 헤어

3. 숏 헤어

4. 헤어스타일 자료수집

다양한 헤어스타일을 찾아 붙여본다.

3. 헤어 표현

헤어 표현을 위해서는 먼저 헤어스타일을 이해해야 하고, 헤어스타일을 이해하기 위해서는 헤어스타일을 덩어리로 보는 연습이 필요하다. 그다음 그림처럼 앞머리, 옆머리, 뒷머리처럼 큰 덩어리를 그린다. 그리고 머리카락의 흐름에 따라 빛, 방향 등을 고려하여 명암을 넣어 입체감을 표현한다. 마지막으로 머리카락의 특성을 반영하여 길이와 텍스츄어를 고려하여 세부적인 머리카락을 표현한다.

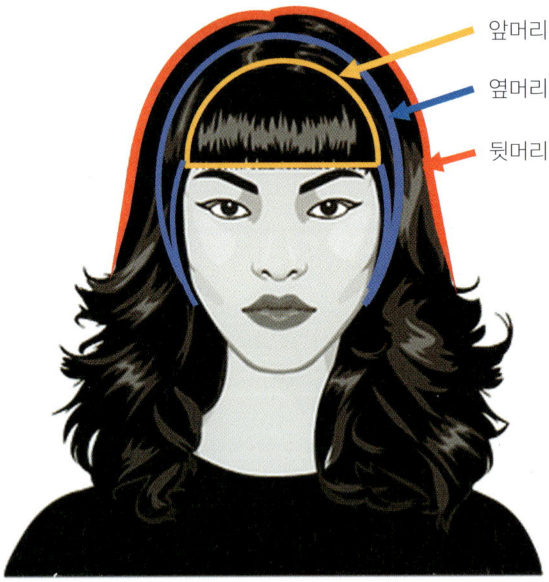

1. 직모 실습

① 직선을 이용하여 큰 덩어리를 잡는다.

② 머리카락의 흐름에 따라 빛, 방향 등을 고려하여 명암을 넣는다.

③ 명암을 중심으로 머리카락을 표현한다.
(이때 덩어리 별로 조금 더 세부적인 덩어리를 생각하며 표현한다.)

④ 직모의 질감을 표현하기 위해 긴 선을 이용하여 연결시키며 표현한다.
(이때 선과 선 사이를 메꿔주며 가지런하게 얇은 선으로 촘촘히 표현한다.)

2. 곱슬 및 웨이브 실습

(1) 곱슬 실습

① 곱슬머리는 원통형으로 말려 있는 모습이다.

② 곡선을 이용하여 말려 있는 큰 덩어리를 잡는다.

③ 머리카락의 흐름에 따라 빛, 방향 등을 고려하여 명암을 넣는다.
(이때 안쪽과 바깥쪽의 명암을 잘 생각하며 표현한다.)

④ 명암을 중심으로 머리카락을 표현한다.
(이때 덩어리 별로 조금 더 세부적인 덩어리를 생각하며 표현한다.)

⑤ 질감을 표현하기 위해 짧은 선을 이용하여 연결시키며 표현한다.
(이때 가장자리 주위를 약간 울퉁불퉁하게 그려 표현한다.)

(2) 웨이브 실습

① 곡선을 이용하여 큰 덩어리를 잡는다.

② 머리카락의 흐름에 따라 빛, 방향 등을 고려하여 명암을 넣는다.

③ 명암을 중심으로 머리카락을 표현한다.
(이때 덩어리 별로 조금 더 세부적인 덩어리를 생각하며 표현한다.)

④ 웨이브의 질감을 표현하기 위해 긴 선과 짧은 선을 이용하여 연결시키며 표현한다.
(이때 선과 선 사이를 메꿔주며 가장자리 주위를 너무 매끄럽지 않게 얇은 선으로 촘촘히 표현한다.)

3. 꼰 머리 실습

① 꼰 머리를 표현하기 쉽도록 직사각형을 그린다.

② 직사각형 안에 꼰 머리 형태의 큰 덩어리를 잡는다.

③ 머리카락의 흐름에 따라 빛, 방향 등을 고려하여 명암을 넣는다.

④ 명암을 중심으로 머리카락을 표현한다.
(이때 덩어리 별로 조금 더 세부적인 덩어리를 생각하며 표현한다.)

⑤ 질감을 표현하기 위해 짧은 선을 이용하여 연결시키며 표현한다.
(이때 가장자리 주위를 약간 울퉁불퉁하게 그려 표현한다.)

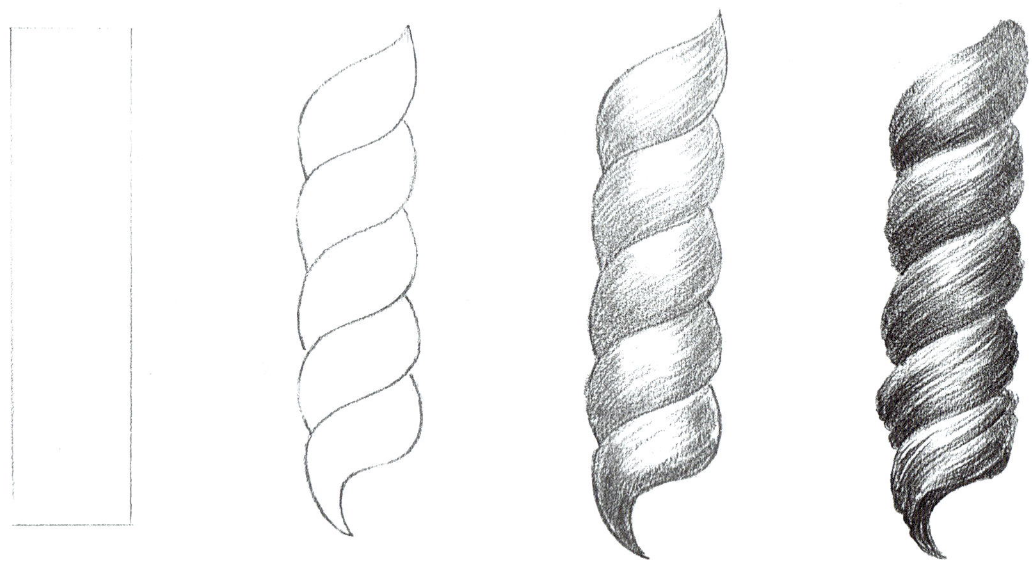

4. 땋은 머리 실습

① 땋은 머리를 표현하기 쉽도록 직사각형을 그린 후 아래쪽으로 좁아지게 그린다.

② 직사각형 안에 땋은 머리 형태의 큰 덩어리를 잡는다.

③ 머리카락의 흐름에 따라 빛, 방향 등을 고려하여 명암을 넣는다.
(교차하는 부분이 입체감이 날 수 있도록 고려하여 표현한다.)

④ 명암을 중심으로 머리카락을 표현한다.
(이때 덩어리 별로 조금 더 세부적인 덩어리를 생각하며 표현한다.)

⑤ 질감을 표현하기 위해 짧은 선을 이용하여 연결시키며 표현한다.
(이때 가장자리 주위를 약간 울퉁불퉁하게 그려 표현한다.)

5. 앞머리

(1) 앞 가르마가 있는 머리

① 가르마를 중심으로 양쪽 옆머리, 뒷머리로 세 덩어리를 그린다.

② 덩어리 별로 조금 더 세부적인 덩어리를 잡는다.

③ 이마와 만나는 머리카락 부분을 가르마 방향에 맞춰 그린다.

④ 머리카락의 흐름에 따라 빛, 방향 등을 고려하여 명암을 넣는다.
(교차하는 부분이 입체감이 날 수 있도록 고려하여 표현한다.)

⑤ 명암을 중심으로 머리카락을 표현한다.

⑥ 질감을 표현하기 위해 긴 선과 짧은 선을 이용하여 연결시키며 표현한다.
(이때 가르마 사이를 메꿔주며 가지런하게 얇은 선으로 촘촘히 표현한다.)

(2) 앞으로 내린 머리

① 가르마를 중심으로 앞머리, 양쪽 옆머리, 뒷머리로 네 덩어리를 그린다.

② 덩어리 별로 조금 더 세부적인 덩어리를 잡는다.

③ 머리카락의 흐름에 따라 빛, 방향 등을 고려하여 명암을 넣는다.
(교차하는 부분이 입체감이 날 수 있도록 고려하여 표현한다.)

④ 명암을 중심으로 머리카락을 표현한다.
(이때 앞머리가 끝나는 부분이 인위적이지 않게 자연스럽게 표현한다.)

⑤ 질감을 표현하기 위해 긴 선과 짧은 선을 이용하여 연결시키며 표현한다.
(이때 가르마 사이를 메꿔주며 가지런하게 얇은 선으로 촘촘히 표현한다.)

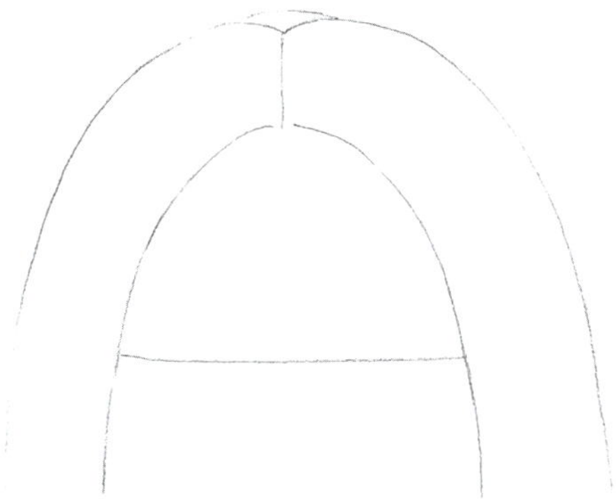

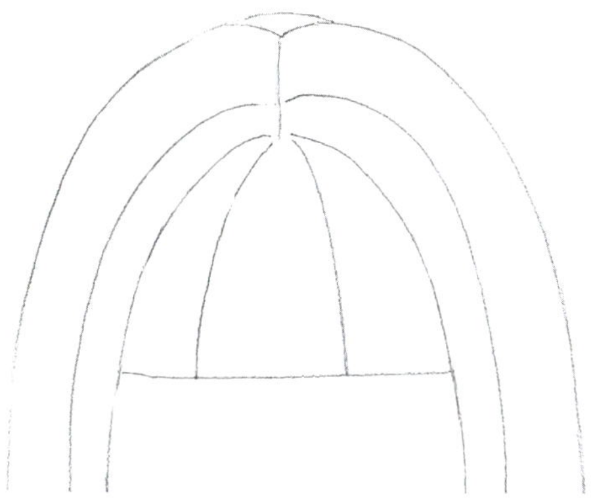

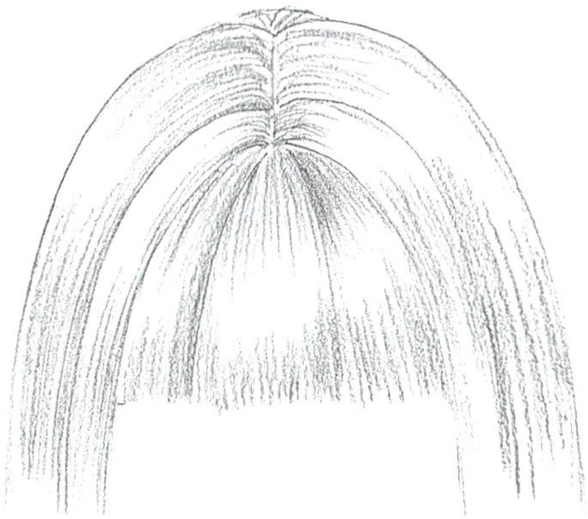

Weeks 7

얼굴의 이해 3

1. 얼굴구조의 이해

얼굴은 그 사람의 이미지와도 연결되며 얼굴형의 정확한 분석은 메이크업의 기술적인 방법뿐 아니라 전체적인 이미지를 완성하는 데 꼭 필요한 정보이다.

1. 얼굴 부위별 명칭

"얼굴이란 머리 앞면의 전체적인 윤곽이나 생김새를 뜻하는 것"(네이버 국어사전)으로, 얼굴은 너비가 되는 가로 폭과 길이가 되는 세로 높이로 이루어져 있다.

얼굴을 구성하는 각 부위에 따라 이목구비가 만들어진다.

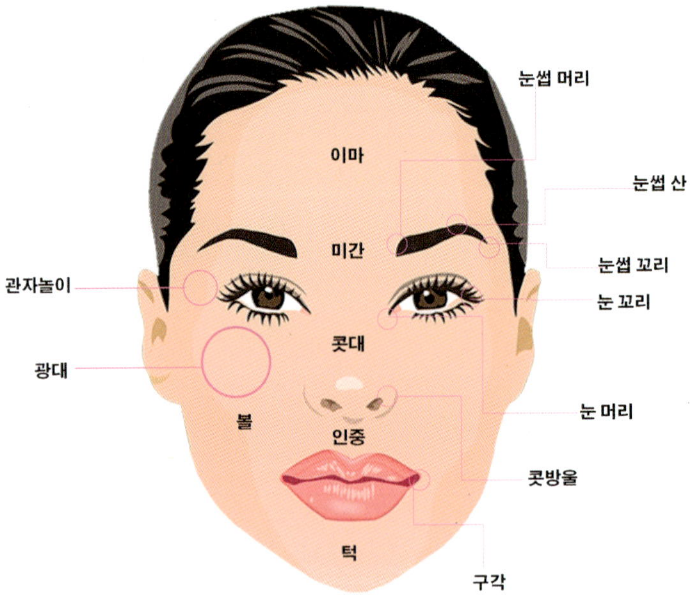

2. 얼굴의 골격구조

(1) 얼굴 중 돌출되어 보이는 골격의 명칭

얼굴 골격을 보면 [그림 7-1]과 같이 전두골(앞머리뼈, 이마뼈), 관골(광대뼈), 상악골(위턱뼈), 후두골(뒤통수뼈), 하악골(아래턱뼈)로 구성되어 있다.

얼굴 골격 중 돌출된 부분을 표현할 때에는 어두운 쪽(얼굴 바깥 선 부분)에서 그라데이션하여 밝은 부분을 남겨 두거나 부드러운 지우개를 사용하여 지우는 방법을 사용하면 얼굴이 돌출되어 보이는 효과가 있다.

(2) 후퇴되어 보이는 골격의 명칭

두정골(마루뼈), 측두골(관자놀이뼈), 비근골(코뼈)이 있다.

후퇴되어 보이는 부분을 표현할 때에는 선을 진하고 굵게 사용하여 입체감을 표현한다.

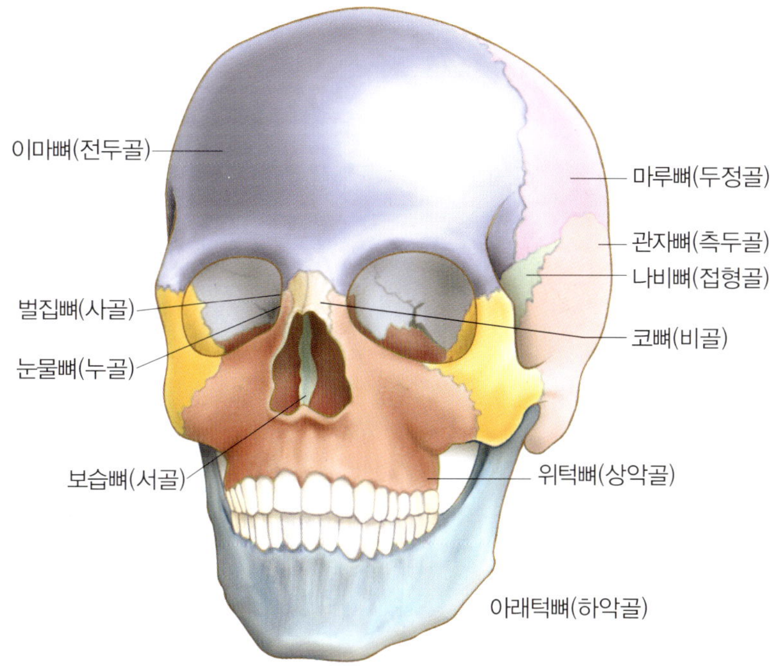

그림 7-1 얼굴의 골격

3. 얼굴의 근육구조

얼굴 근육근은 피부와 연결되어 [그림 7-2] 얼굴 근육근의 명칭처럼 다양한 움직임과 표정을 만들어 내는 역할을 한다.

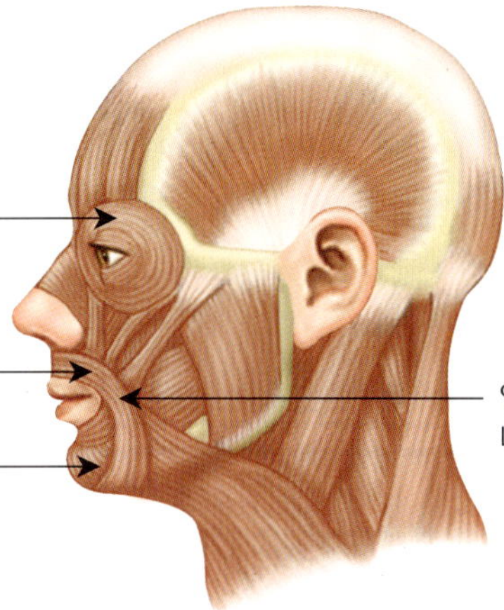

그림 7-2 얼굴의 근육

① 눈둘레근

눈 주위를 공처럼 감싸고 있으며 명암을 그라데이션 하여 들어가 보이게 표현하는 부분으로 표현 방법에 따라 다양한 이미지 표현이 가능하다.

② 입둘레근

입술을 열고 닫는 데 사용하는 입술 주위의 근이며, 표현과 표정을 나타낸다.

③ 아랫입술 올림근

입꼬리를 양쪽으로 당기는 근으로 감정을 표현하기 좋은 부분이다.

④ 입꼬리 내림근

입꼬리를 아래로 내리는 근으로 하향식으로 표현하면 슬프거나 화난 표정이 된다.

4. 얼굴의 비율

(1) 얼굴 비율

[그림 7-3]의 얼굴 비율처럼 머리카락이 나는 곳에서 눈썹머리, 눈썹머리에서 코 끝, 코 끝에서 턱 끝까지 1 : 1 : 1 비율이 가장 이상적인 얼굴이다

그림 7-3 얼굴의 비율

(2) 얼굴의 균형

얼굴의 각 부분이 차시하는 비율을 노식석으로 표현해 놓은 것으로 가장 이상적인 얼굴 형태의 기준이 된다.

① 얼굴의 가로 분할

헤어라인에서 눈썹의 앞머리가 시작되는 부분, 눈썹 앞머리가 시작되는 부분에서 코끝 선, 코끝 선에서 턱이 끝나는 선으로 3등분 한다.

② 얼굴의 세로 분할

왼쪽 눈 앞머리와 오른쪽 눈 앞머리 사이, 왼쪽 눈 앞머리와 눈꼬리 부분, 눈꼬리 부분과 관자놀이 헤어라인의 세로선, 오른쪽 눈 앞머리와 눈꼬리 부분, 눈꼬리 부분과 관자놀이 헤어라인의 세로선으로 5등분 한다.

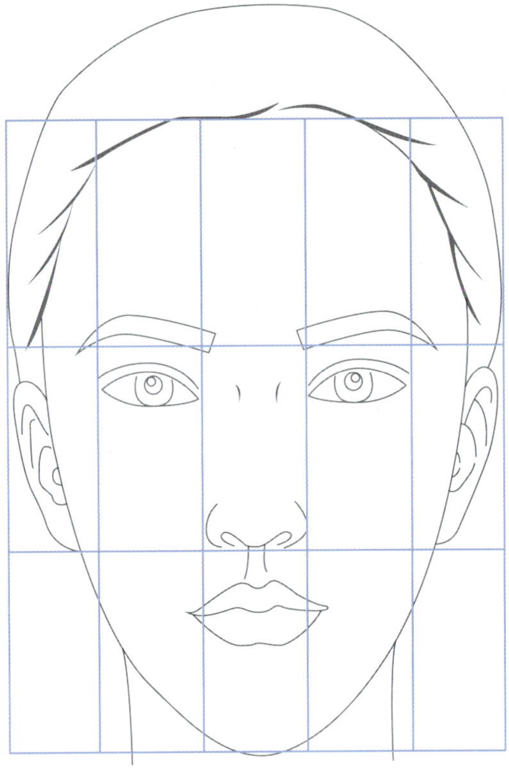

5. 얼굴의 형태

얼굴 유형은 가로의 폭과 세로의 길이를 기준으로 광대의 넓이와 돌출 정도, 턱 선의 형태, V존의 크기와 형태에 따라 크게 여섯 가지 형태로 구분한다.

(1) 계란형 얼굴

표준형으로 가장 이상적인 얼굴로 이마 선은 턱 선보다 약간 넓으며 완전한 균형을 갖춘다.

(2) 둥근형 얼굴

전체적으로 얼굴 윤곽이 둥글며 이마의 폭이 좁고 낮다. 얼굴이 다소 짧은 편이며 뺨 부분이 둥근 얼굴로 한국인의 일반적인 얼굴형이다. 귀엽고 발랄하며 나이보다 어려 보이는 이미지를 준다.

(3) 긴 형 얼굴

얼굴의 폭에 비해 길이가 길어 보이는 형으로 과거에는 미인의 얼굴형으로 쪽머리가 잘 어울리고, 한복에 잘 맞는 고전적인 분위기와 어울린다. 침착한 인상을 주지만 나이가 들어 보일 수 있다.

(4) 역삼각형 얼굴

얼굴의 폭 자체는 넓지만 이마에 비해 양 볼과 턱에 걸친 선이 홀쭉하고 가냘픈 모양으로 된 얼굴형이다. 청순한 소녀 이미지로 명랑하고 활발하며 생동감이 넘치지만 약간 날카로운 이미지를 줄 수 있다.

(5) 사각형 얼굴

아래 턱이 발달한 형태로 강한 의지의 소유자임을 느끼게 하며 활동적이고 다이내믹한 매력을 지닌 얼굴형이다. 얼굴의 길이에 비해 폭이 넓어 평면적인 느낌을 줄 수 있으며 남성적인 이미지를 준다.

(6) 마름모형 얼굴

광대뼈가 나오고 턱이 뾰족해 강한 인상을 준다.

6. 남성 얼굴의 이해

(1) 남성 얼굴의 특징

얼굴의 뼈 구조는 성별에 따라 다르며 이마, 뺨, 코, 턱 및 턱선의 미묘한 차이가 함께 작용하여 성별을 구별하고 남성적 또는 여성적 이미지로 구분되어 진다.

① 남성은 네모난 얼굴, 더 각진 턱, 더 큰 턱, 균형 잡힌 위아래 얼굴 비율을 가지고 있다. 안면 근육량, 피하 조직 및 혈관 밀도도 여성에 비해 남성이 훨씬 높다.

② 남성의 골격이 더 도드라지고 각진 얼굴 특징을 가지고 있는 이유는 호르몬 때문인데, 테스토스테론은 남성적인 얼굴 특징의 원동력이 되기 때문이다. 또한 유전적 요소는 사람의 얼굴 뼈 구조가 발달하는 방식에 영향을 미친다. 따라서 각 개인의 얼굴은 게놈과 복잡한 상호 작용에서 많은 생물학적 및 비생물학적 요인에 의해 영향을 받는 독특한 특징을 가지게 된다.

③ 남성과 여성의 얼굴 차이는 생물학적 차이로 인해 이마, 눈, 눈썹, 코, 턱, 턱선, 볼, 입술이 다르게 발달되며, 이러한 차이는 크기, 모양, 구조, 비율이 다른 결과를 가져온다.

(2) 남성 얼굴의 구조

① 남성적인 헤어라인, 이마, 눈썹

- 이마는 얼굴 표면적의 35~40%를 차지하므로 남성스러움을 좌우한다. 이마가 헤어라인과 이마로 둘러싸여 있다는 점을 감안할 때 얼굴의 위쪽 절반이 더 남성스러움을 대표한다.
- 얼굴 상반부의 전형적인 남성적 특징은 이마 정면 뼈가 더 돌출되어 눈이 더 깊게 자리 잡은 느낌을 주는데 반해 여성의 이마는 더 둥글거나 볼록하다.

② 남성적인 코

코의 모양과 크기는 매우 다양하다. 코의 특징은 미묘해 보일 수 있지만 보다 남성적이거나 여성스러운 외모를 제공하는 데 중요하다. 이마와 코의 균형과 조화를 유지하는 것이 중요하며, 더 남성적인 특징을 가진 코는 다음과 같은 경향이 있다.

- 더 큰 크기
- 더 많은 각도 치수
- 더 넓고 곧은 다리
- 위로 향하지 않는 코끝

③ 남성적인 볼과 입술

입술과 뺨의 모양과 크기는 여성과 남성이 다르며, 남자의 입술은 다음과 같은 경향이 있다.

- 더 얇거나 좁다.
- 평평하거나 덜 통통하다.
- 코 밑에서 더 멀리 있다.

④ 남성적인 턱과 턱

턱과 턱은 얼굴 아래쪽 영역의 대부분을 차지하며 보다 남성적인 외모에 크게 좌우한다. 남성의 경우 이 두 구조는 일반적으로 크기가 더 크며 다음과 같은 전형적인 특징이 있다.

- 더 크고 각진 턱
- 더 크고 넓은 턱
- 더 두꺼운 아래턱뼈(하악골)

7. 얼굴 실습

얼굴을 그릴 때는 얼굴의 비율과 눈, 코, 입, 귀 등의 위치를 고려하여 표현한다.

(1) 얼굴정면

- 가로 14cm, 세로 14cm의 정사각형을 그린다.
  (가로와 세로의 길이는 자유롭게 수정 가능하다.)
- 정사각형을 가로와 세로 모두 1/7등분으로 나눈다.
- 가로와 세로 4지점을 중심으로 1/2등분으로 나누어 선을 그린다.
- 가로 2~6, 세로 1~5지점 안에 원을 그린다.
- 눈, 눈썹, 코, 입, 귀, 헤어라인, 목선의 위치를 표시한다.

① 눈 드로잉

- 가로와 세로 4지점을 중심으로 1/2등분으로 나눈 선을 중심으로 눈과 코가 1:1:1이 되도록 위치한다.
- 눈높이와 길이를 상하좌우로 둥글게 연결한 다음 중앙에 동공을 그린다.
- 눈썹은 눈 위쪽에 자리하며 눈보다 조금 넓게 좌우 크기가 동일하게 그린다.

② 코 드로잉

- 가로와 세로 4지점을 중심으로 1/2등분으로 나눈 선을 중심으로 코의 폭은 눈과 코가 1:1:1이며 세로 5지점이 코밑에 위치한다.
- 코는 좌우 대칭이 중요하며 콧볼이 양쪽 눈앞머리를 넘어가지 않도록 조심한다.
- 콧대, 콧방울, 콧볼의 드러나 보이는 부분과 들어가 보이는 부분을 구분하고 콧구멍은 콧볼의 위치와 크기, 좌우 대칭에 유의하여 표현한다.

③ 입술 드로잉

- 가로와 세로 4지점을 중심으로 1/2등분으로 나눈 선을 중심으로 코의 폭은 눈과 코가 1:1:1이며 입술의 길이는 코보다는 조금 길며 세로 6지점이 입술 끝에 위치한다.
- 입술은 인중과 일직선 부분이 입술 중앙으로 좌우 대칭이 되도록 표현한다.
- 입술은 윗입술을 아랫입술보다 얇게 그리며 구각의 끝은 살짝 올려 그린다.

④ 얼굴윤곽 드로잉

- 가로와 세로 4지점을 중심으로 1/2등분으로 나눈 선을 중심으로 가로 1/2~1/6, 세로 1/1~1/5 지점을 안에 원을 중심으로 세로 7지점이 턱끝이 된다.
- 양쪽 얼굴 광대의 폭은 세로 2지점과 6지점보다 중심선 안쪽으로 살짝 들어가 표시한다.
- 양쪽 턱선은 세로 7지점, 가로 3~5지점 사이보다 살짝 안쪽으로 표시하여 원과 연결하고 이어서 세로 7지점을 턱끝과 연결한 후 목선을 그린다.

⑤ 귀 드로잉

- 가로와 세로 4지점을 중심으로 1/2등분으로 나눈 선을 중심으로 귀가 그려지고 세로 5지점이 귀 끝에 위치한다.
- 귀는 중앙으로 좌우 대칭이 되도록 표현한다.
- 정면에서 봤을 때 귀가 너무 크지 않도록 표현한다.

⑥ 헤어 드로잉

- 가로와 세로 4지점을 중심으로 1/2등분으로 나눈 선을 중심으로 가로 1지점을 헤어라인으로 표시하고, 1~5지점의 안에 원을 넘어가지 않도록 헤어라인 안쪽과 바깥쪽을 그린다.
- 양쪽 헤어라인이 어색하지 않도록 덩어리를 생각하며 표현한다.

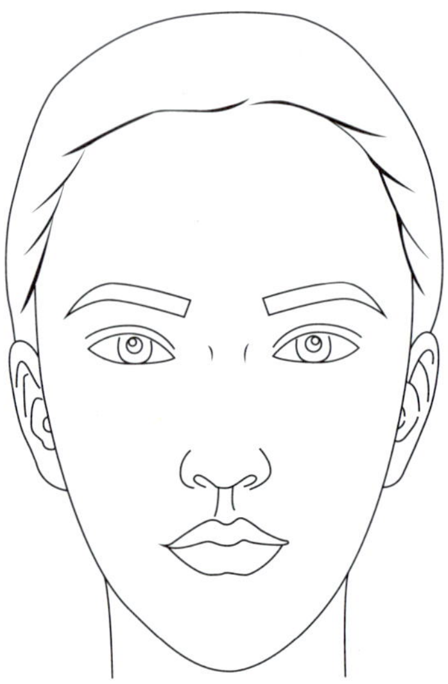

(2) 얼굴측면

- 가로 14cm, 세로 14cm의 정사각형을 그린다.(가로와 세로의 길이는 자유롭게 수정 가능하다)
- 정사각형을 가로와 세로 모두 1/7등분으로 나눈다.
- 가로와 세로 4지점을 중심으로 1/2등분으로 나누어 선을 그린다.
- 눈, 눈썹, 코, 입, 귀, 헤어라인, 목선의 위치를 표시한다.

① 눈 드로잉

- 가로와 세로 4지점을 중심으로 1/2등분으로 나눈 선을 중심으로 눈꼬리가 세로 2지점에 닿도록 위치한다.
- 눈높이와 길이를 상하좌우로 둥글게 연결한 다음 동공을 그린다.
- 눈썹은 눈 위쪽에 자리하며 가로 2, 세로 3지점에서 시작하여 가로 3지점 중간까지 눈보다 조금 넓게 그린다.

② 코 드로잉

- 가로와 세로 4지점을 중심으로 1/2등분으로 나눈 선을 중심으로 코끝은 가로1, 세로 5지점에 코밑이 위치한다.
- 콧볼은 눈앞머리를 넘지 않도록 한다.
- 콧대, 콧방울, 콧볼의 위치를 표시하고 연결한다.
(이때 인중이 콧대보다 너무 튀어나오거나 들어가지 않도록 신경써야 한다.)

③ 입술 드로잉

- 가로와 세로 4지점을 중심으로 1/2등분으로 나눈 선을 중심으로 아랫입술이 가로 1, 세로 6지점에 위치하고 입술의 길이는 코보다는 조금 길며 세로 2지점 1/2등분에 위치한다.
- 가로와 세로 4지점을 중심으로 1/2등분으로 나눈 선을 중심으로 코의 폭은 눈과 코가 1:1:1이며 입술의 길이는 코보다는 조금 길며 세로 1/6 지점이 입술 끝에 위치한다.
- 입술은 콧방울과 턱을 연결했을 때 튀어나오지 않도록 해야 한다.
- 입술은 윗입술을 아랫입술보다 얇게 그리며 구각의 끝은 살짝 올려 그린다.

④ 얼굴윤곽 드로잉

- 가로와 세로 4지점을 중심으로 1/2등분으로 나눈 선을 중심으로 2지점이 턱끝이 된다.
- 양쪽 얼굴 광대의 폭은 정면과 달리 넓게 표현되며 턱선은 가로 5지점과 세로 6지점에 위치한다.
- 목선은 가로 3, 세로 7지점 1/2등분 지점에서 시작하여 가로 3지점까지 가로 6, 세로 6지점 1/2등분 지점에서 가로 6지점까지 연결한다.

⑤ 귀 드로잉

- 가로와 세로 5지점을 중심으로 귀 끝이 위치하고 눈꼬리 보다 살짝 위를 시작으로 가로 6, 세로 5지점까지 자연스럽게 연결하여 귀를 그린다.
- 귀 끝과 턱선을 연결한다.

⑥ 헤어 드로잉

- 가로 1~7지점까지 헤어라인은 둥글게 잡아 그리고 가로 6, 세로 6지점 1/2등분 지점의 목선과 연결하여 자연스럽게 연결한다.
- 헤어라인이 어색하지 않도록 덩어리를 생각하며 표현한다.

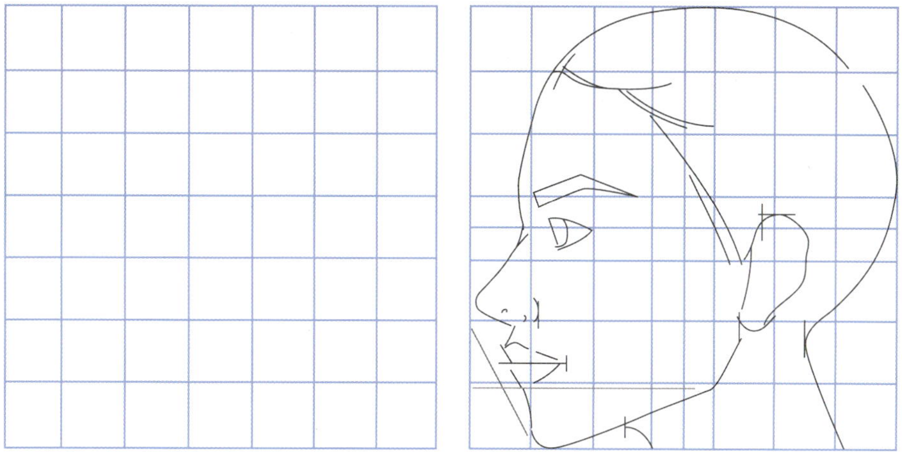

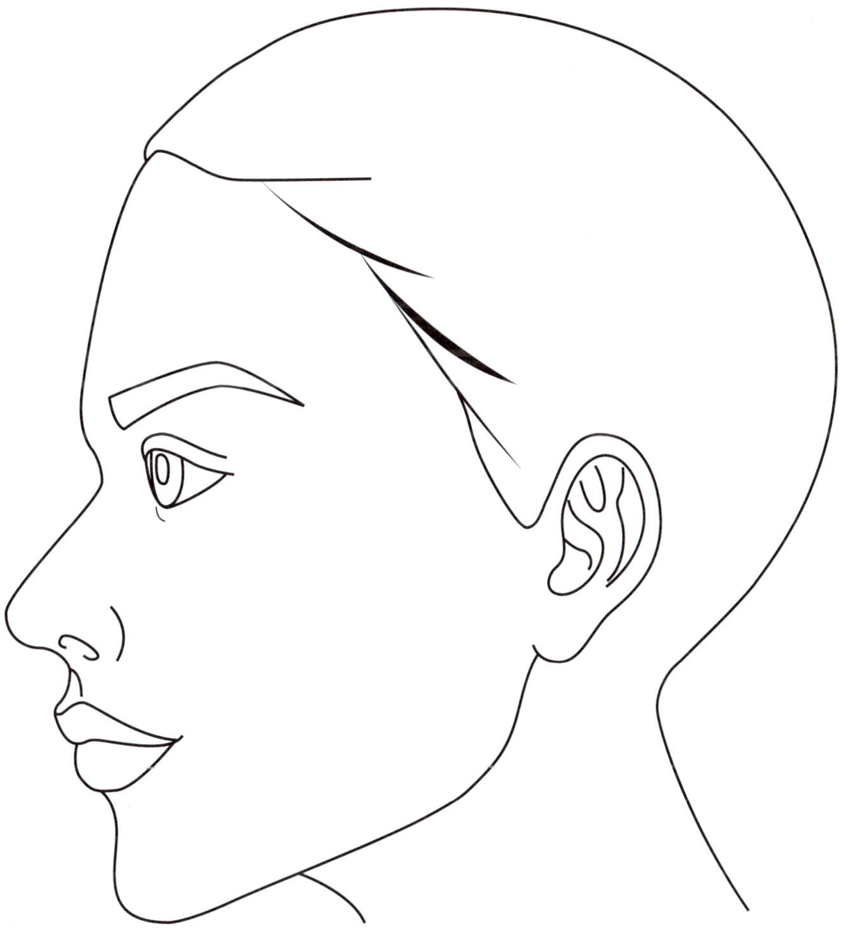

(3) 얼굴사면

- 가로 14cm, 세로 14cm의 정사각형을 그린다.
  (가로와 세로의 길이는 자유롭게 수정 가능하다.)
- 정사각형을 가로와 세로 모두 1/7등분으로 나눈다.
- 가로와 세로 4지점을 중심으로 1/2등분으로 나누어 선을 그린다.
- 눈, 눈썹, 코, 입, 귀, 헤어라인, 목선의 위치를 표시한다.
- 사면은 얼굴이 돌아간 각도에 따라 다르게 표현될 수 있다.

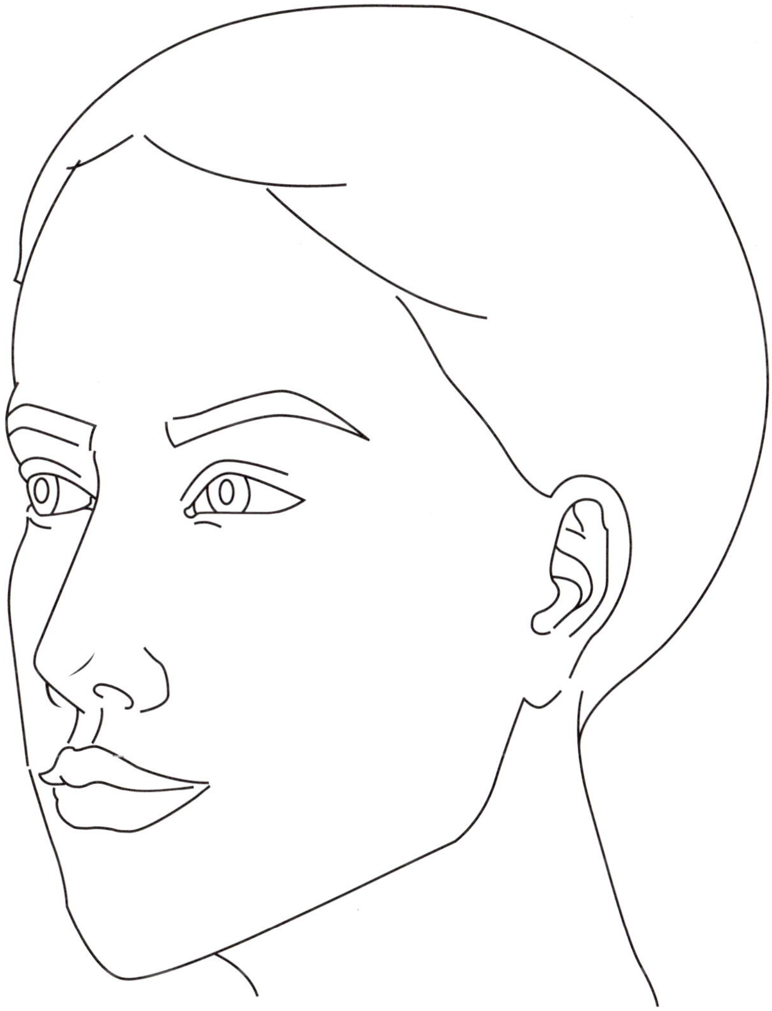

Chapter 5 실기테스트

Weeks 8 실기테스트 (연필)

Weeks 8

실기테스트(연필)

1. 정면 얼굴

※ [부록] 185p를 이용하여 일러스트를 그린 후 붙여주세요.

2. 측면 얼굴

※ [부록] 187p를 이용하여 일러스트를 그린 후 붙여주세요.

3. 사면 얼굴

※ [부록] 189p를 이용하여 일러스트를 그린 후 붙여주세요.

Chapter 6 바디의 이해

Weeks 9 바디의 이해 1

Weeks 10 바디의 이해 2

Weeks 9

바디의 이해 1

1. 바디의 골격구조

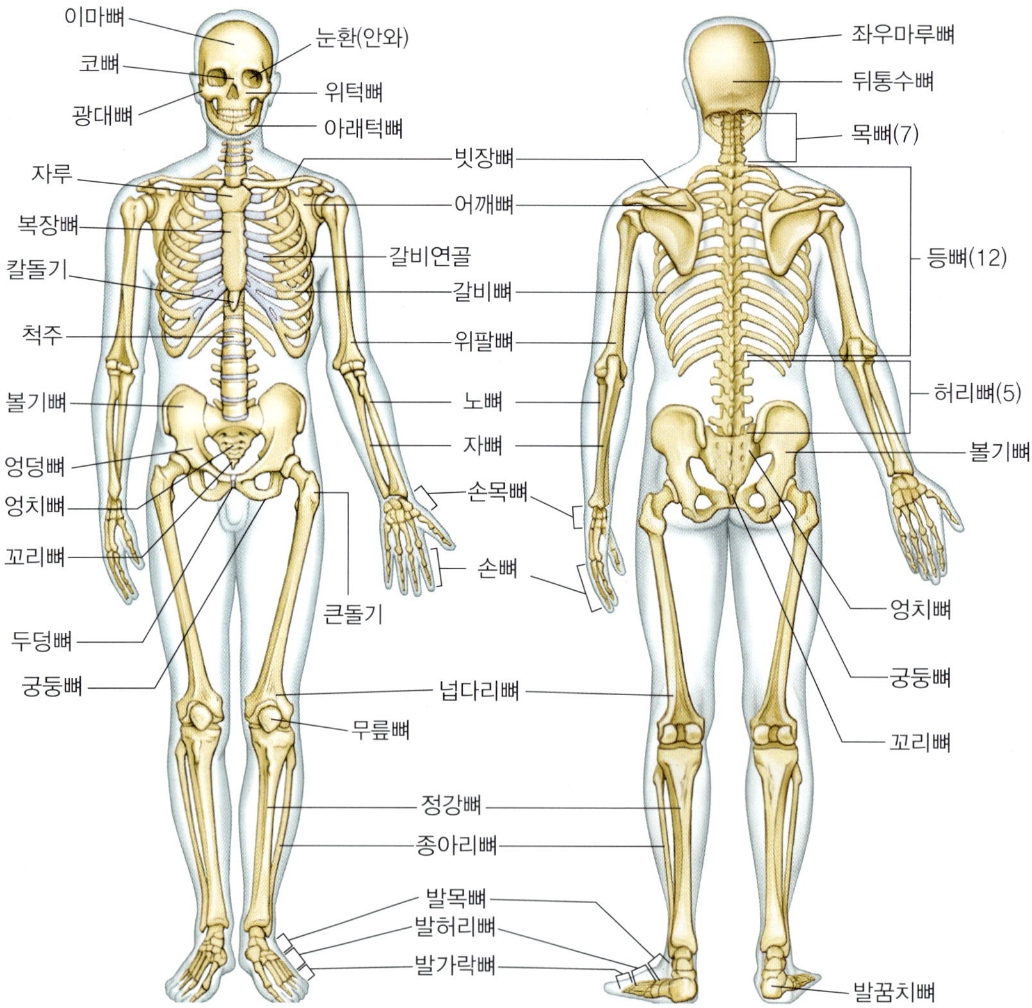

몸통 뼈대 80 개		팔다리 뼈대 126 개	
머리뼈	28개	팔이음뼈(어깨뼈, 빗장뼈)	4개
목뿔뼈	1개	자유팔뼈	60개
갈비뼈	24개	다리이음뼈(볼기뼈)	2개
복장뼈	1개	자유다리뼈	60개
척추뼈	26개		

※ 우리 몸은 전체 206개의 뼈로 구성되어 있다.

1. 척주의 앞면과 옆면

척주는 26개의 척추뼈(목뼈 7개, 등뼈 12개, 허리뼈 5개, 엉치뼈 1개, 고리뼈 1개)로 되어 있는 뼈기둥이라고 볼 수 있으며, 각 척추뼈와 몸통 사이에는 섬유연골로 이루어진 척추사이원반(디스크)이 끼어 있다. 척추의 모양은 등굽이와 엉치굽이는 뒤로 볼록하고, 목굽이와 허리굽이는 앞으로 볼록한 모양을 하고 있다.

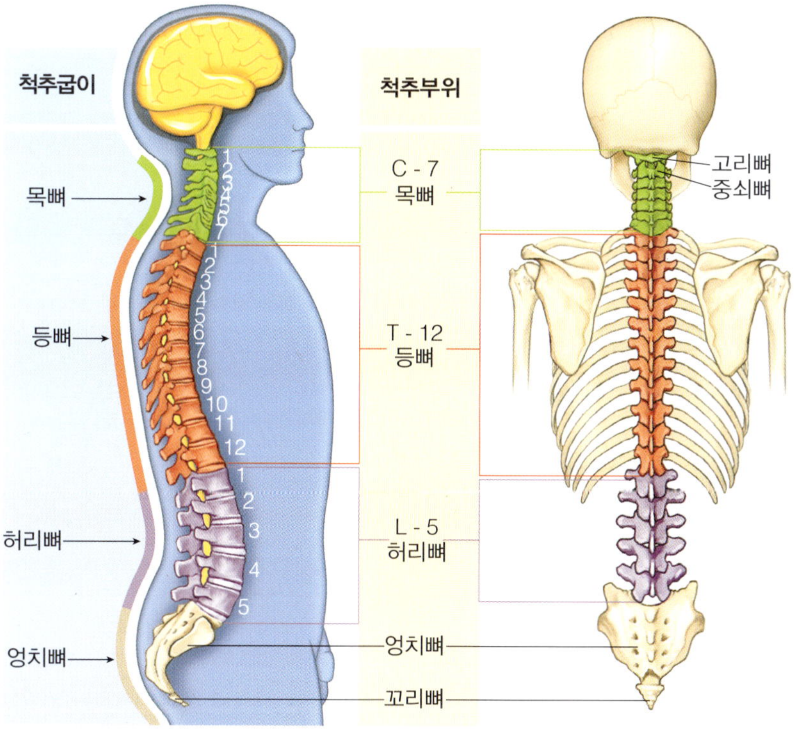

2. 손과 팔의 구조와 특징

손의 뼈는 오른쪽 손의 앞면(왼쪽)과 뒷면(오른쪽)은 손목뼈 8개, 손허리뼈 5개, 손가락뼈 14개(엄지 2개, 나머지 3개씩)이다.

① 손에는 27개의 뼈가 있으며 수근골, 중수골, 수지골이 있다.

② 수근골 8개, 중수골 5개, 수지골 14개로 구성된다.

팔의 뼈 중 뒷면(왼쪽)과 앞면(오른쪽)은 팔을 이루는 뼈 중 몸통과 접한 뼈를 팔이음뼈라 하며 위팔과 아래팔, 손의 뼈대를 이루는 것을 자유팔뼈라고 한다.

- 팔이음뼈 : 빗장뼈, 어깨뼈
- 자유팔뼈 : 위팔뼈, 자뼈, 노뼈, 손목뼈, 손허리뼈, 손가락뼈

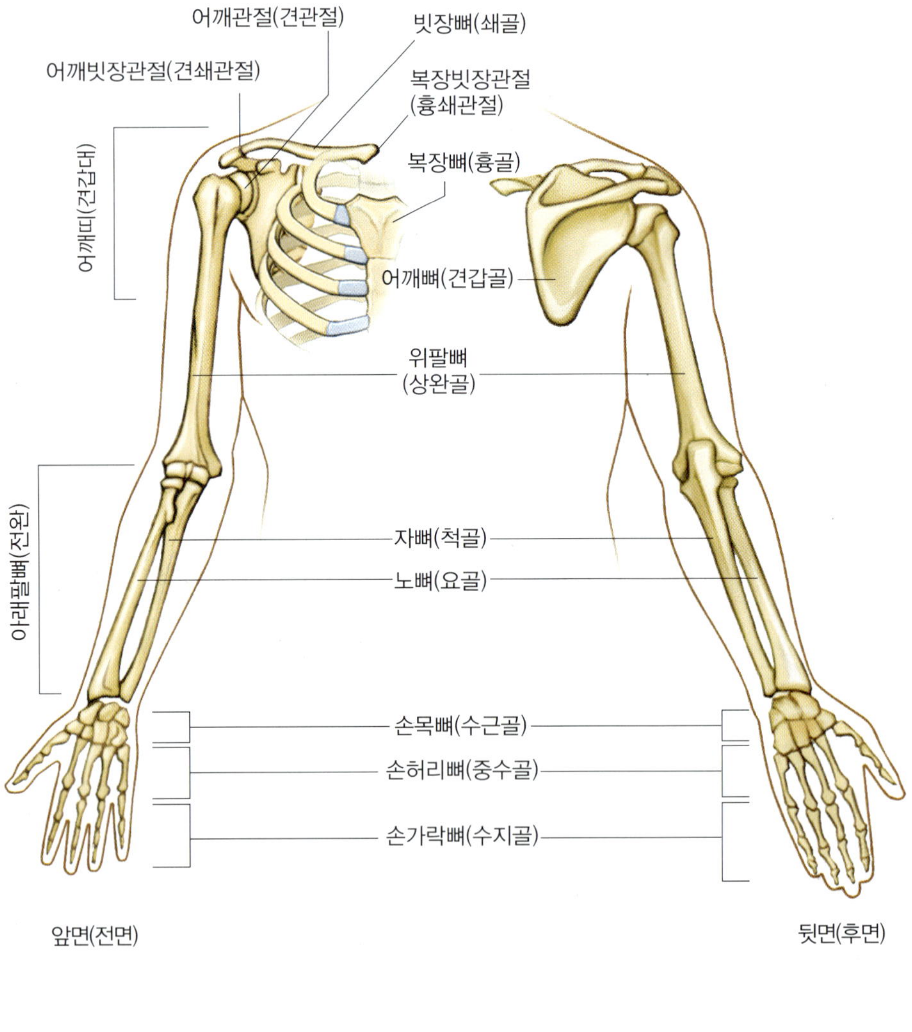

2. 바디의 근육구조

근육은 구부러지고, 늘어나고, 이완될 수 있다는 놀라운 특성을 가지고 있는데 각 몸 안의 위치에 따라 특정 기능을 수행하게 된다. 일반적으로 신경계로부터 전달된 에너지를 운동으로 변환시키는 역할을 한다.

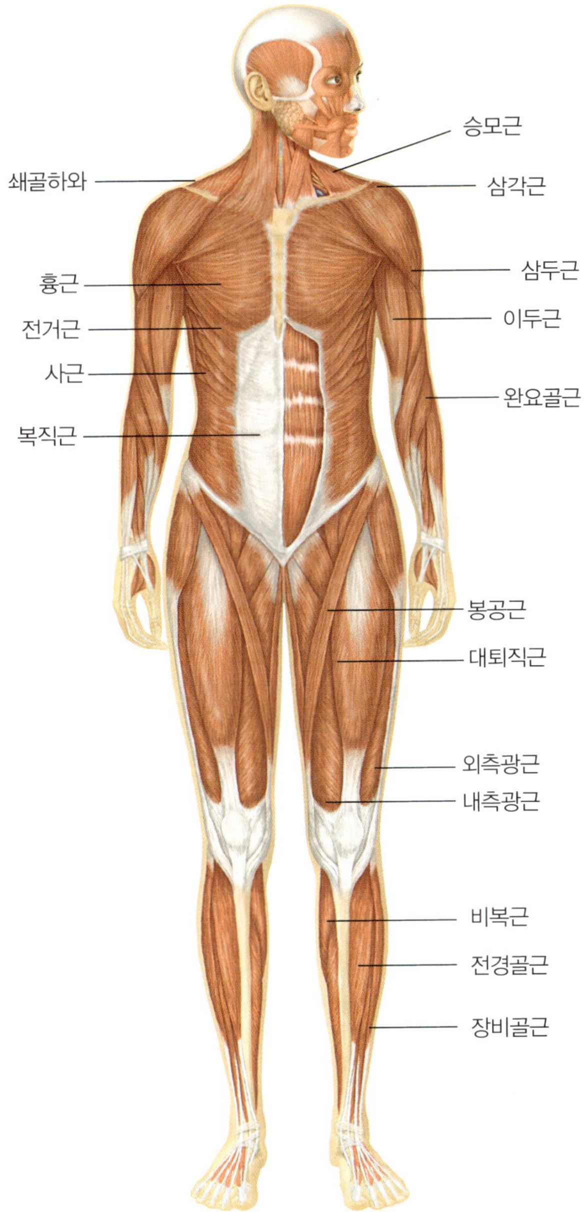

3. 바디의 비율

바디의 비율을 얼굴을 중심으로 등신을 나누어 표현한다.

[8등신]

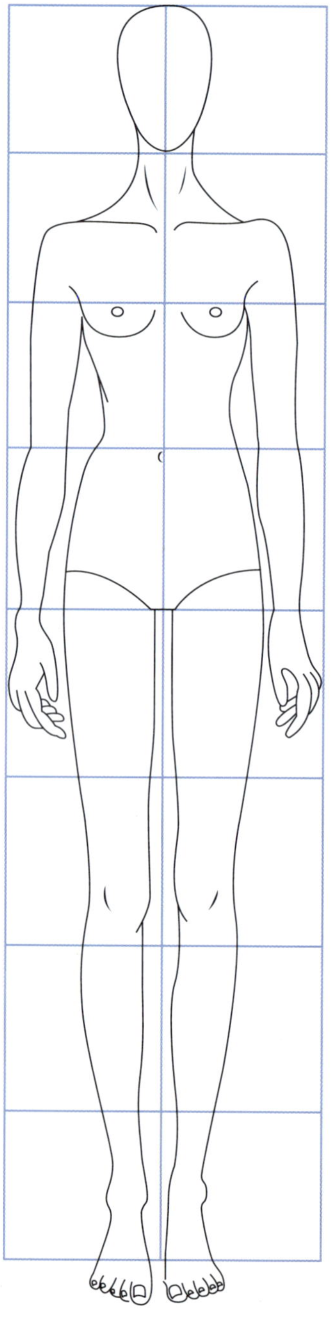

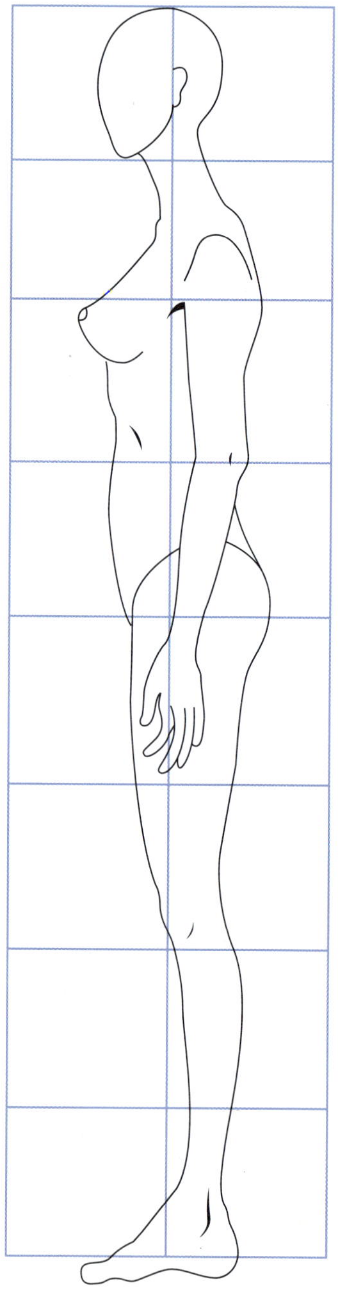

[9등신]

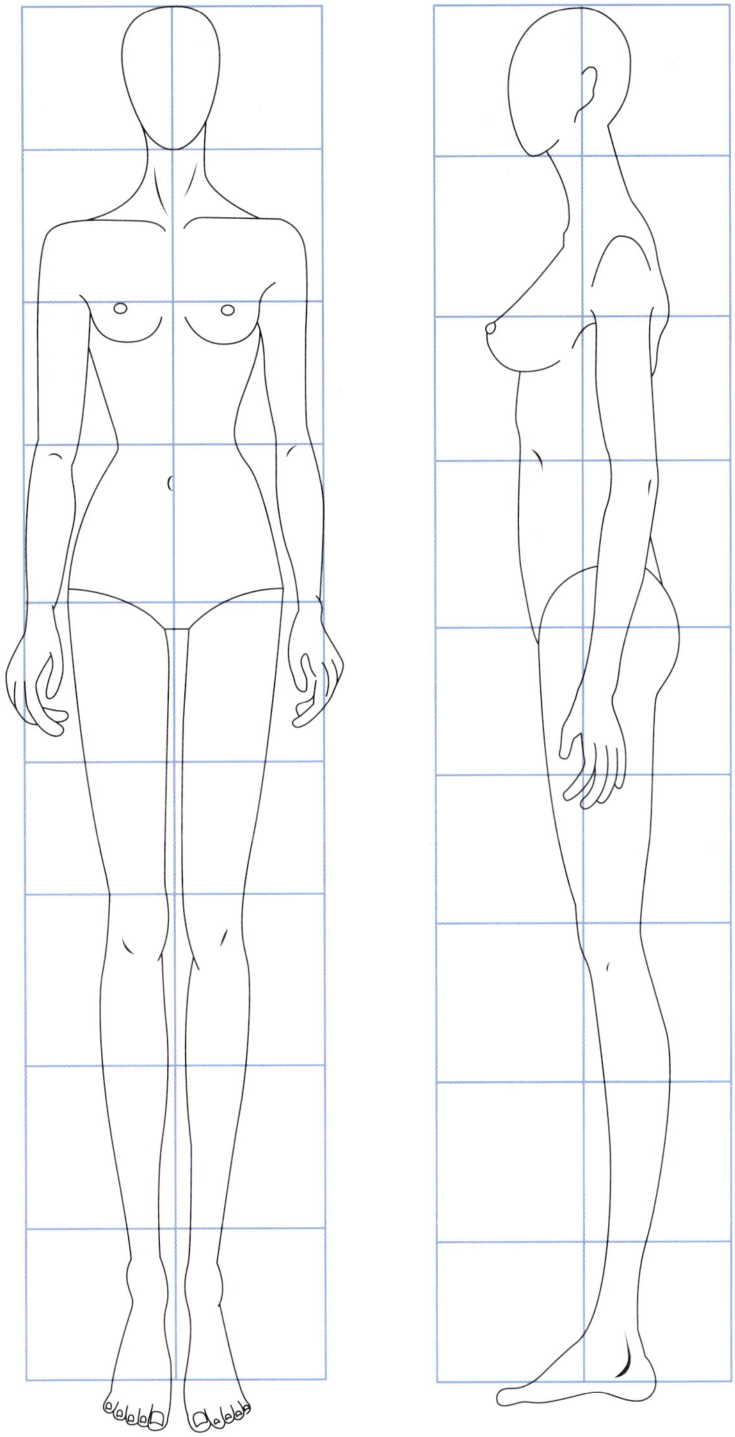

4. 부위별 바디의 이해

1. 손

(1) 손의 이해

손은 인체 중에서도 복잡한 구조로 되어 있다. 짐작으로만 그리게 되면 손이 부자연스러운 방향으로 구부러지거나 양 손의 크기가 달라지기 때문에 주의를 기울이며 표현해야 한다. 하지만 손은 구조를 제대로 파악한다면 사실 그리기 쉬운 부위이기도 하다. 손을 잘 그릴 수 있으면 미묘한 몸짓의 변화를 나타낼 수 있어 표현의 폭이 훨씬 넓어진다.

손바닥을 편 크기는 얼굴 크기와 동일하며 엄지손가락에서 새끼손가락까지의 가로 길이는 얼굴의 폭과 거의 같다.

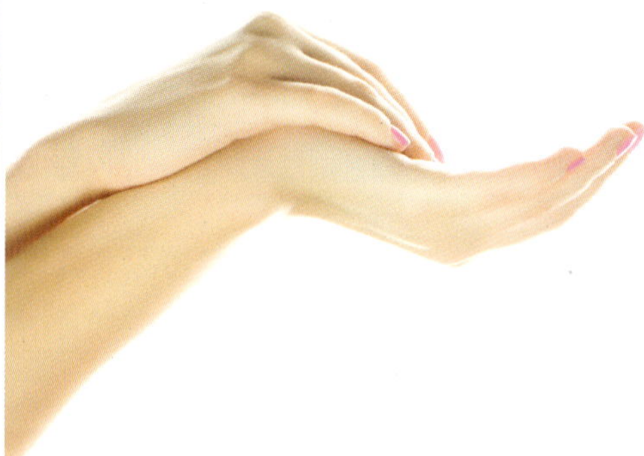

(2) 손 실습

① 손은 손등, 엄지손가락, 네 손가락으로 나뉘어져 있다.

② 직사각형을 그리고 손등과 손가락의 길이를 1:1로 나눈다.

③ 엄지손가락 부분을 손등의 1/2등분을 중심으로 삼각형을 그린다.

④ 손가락 뼈의 위치를 잡아 선으로 연결한다.
(이때 중지손가락이 가장 길고 새끼손가락이 가장 짧다. 또한 엄지손가락은 다른 방향으로 움직이는 것에 주의한다.)

⑤ 타원형을 이용하여 손가락 관절의 위치와 손의 뼈 위치를 고려하여 그린다.

⑥ 손톱의 위치와 같이 그린다.
(이때 손톱을 평면적이지 않고 손가락 모양을 감싸듯이 그린다.)

⑦ 손의 관절부위를 자연스럽게 연결하고 주름을 그린다.
(이때 너무 주름을 많이 그리면 늙어보이므로 조심해야 한다.)

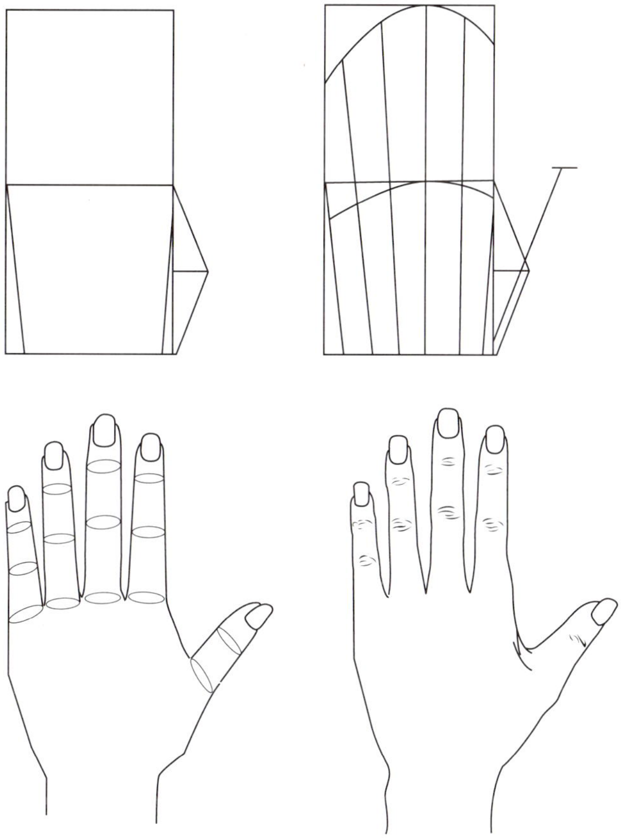

2. 팔

(1) 팔의 이해

팔은 어깨에서 팔꿈치, 팔꿈치에서 손목, 손 세 부분으로 나눌 수 있다. 일반적으로 팔의 길이는 뻗었을 때 개인의 키와 동일하다. 그만큼 팔의 길이는 긴 편이다.

팔을 잘 그리기 위해서는 팔의 움직임을 잘 이해해야 하는데 팔이 수직, 수평, 대각선, 전 등 모든 방향으로 움직이기 때문에 근육을 이해야 한다.

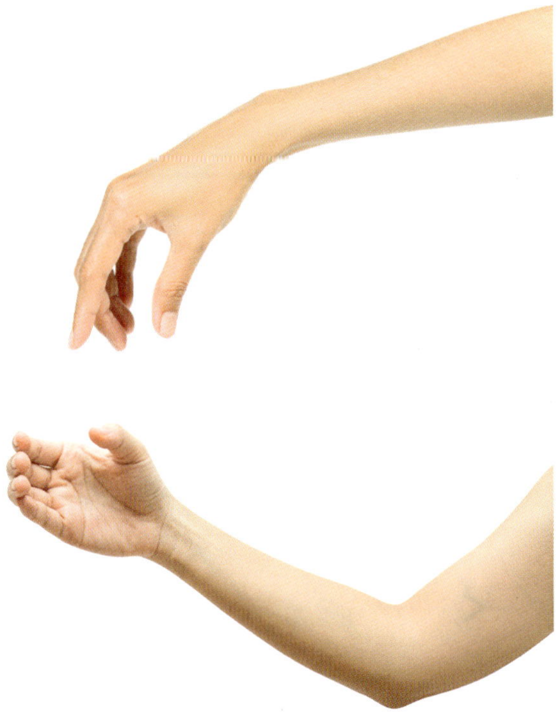

(2) 팔 실습

① 먼저 팔, 팔뚝, 손으로 이어지는 관절을 동그랗게 그린 후 연결하고 손을 그린다.

② 중심선을 기준으로 팔꿈치가 시작하기 전에 폭이 좁아지고 팔꿈치에서 넓어지기 때문에 근육의 모양에 맞춰 팔을 그린다.

③ 손목은 가장 얇은 부위이며 움직임이 많은 부분으로 방향을 잘 고려하여 그려야 한다.

④ 손가락과 디테일한 근육을 표현한다.

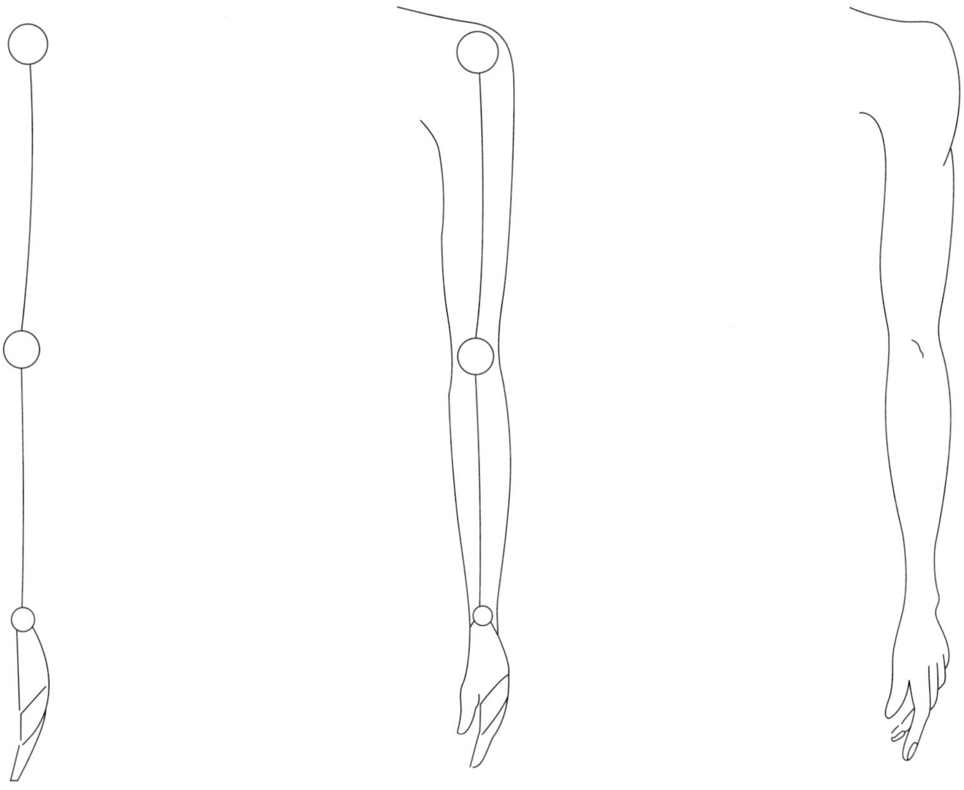

3. 발

(1) 발의 이해

기본적으로 발은 발등, 발가락, 뒷꿈치로 나누어 살펴볼 수 있다. 발목의 복사뼈는 안쪽이 바깥쪽보다 위쪽에 위치한다. 발은 주로 서 있거나 걸을 때 사용하므로 움직임은 손보다 제한되어 있어 단순하게 표현된다.

안쪽의 발목 위치는 바깥쪽 발목보다 높은데 이는 엄지발가락이 안쪽의 발목을 밀어올리기 때문이다. 발가락 중 엄지발가락은 관절이 하나로 다른 발가락에 비해 크고 구부러지지 않는다. 엄지발가락 끝은 조금 높으며 넷째 발가락과 새끼발가락은 더 뾰족한 모양이고 다른 부분보다 조금 구부러져 있다.

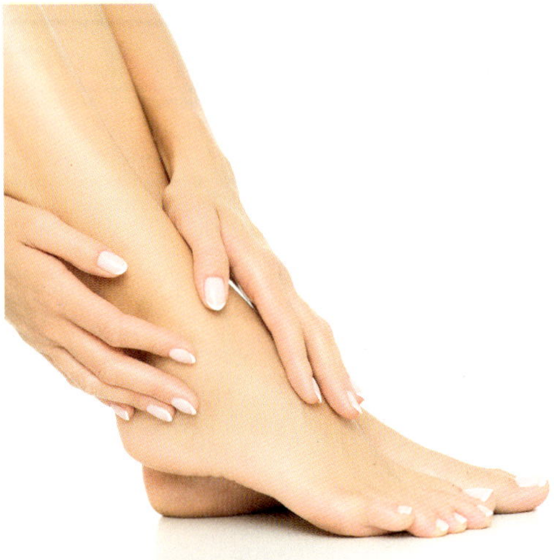

(2) 발 실습

① 발등과 발가락을 긴 사다리꼴로 그린 후 발목과 연결하고 발가락을 작은 사각형 형태로 나누어 그린다. (발의 사면이나 측면도 동일하게 진행한다.)
(이때 엄지발가락을 가장 크게 그린다.)

② 발가락 뼈의 위치를 잡아 선으로 연결한다.

③ 발톱의 위치와 같이 그린다.
(이때 발톱을 평면적이지 않고 발가락 모양을 감싸듯이 그리되 엄지발톱의 방향은 다르게 그린다.)

④ 발목의 위치와 관절부위를 자연스럽게 연결하여 그린다.

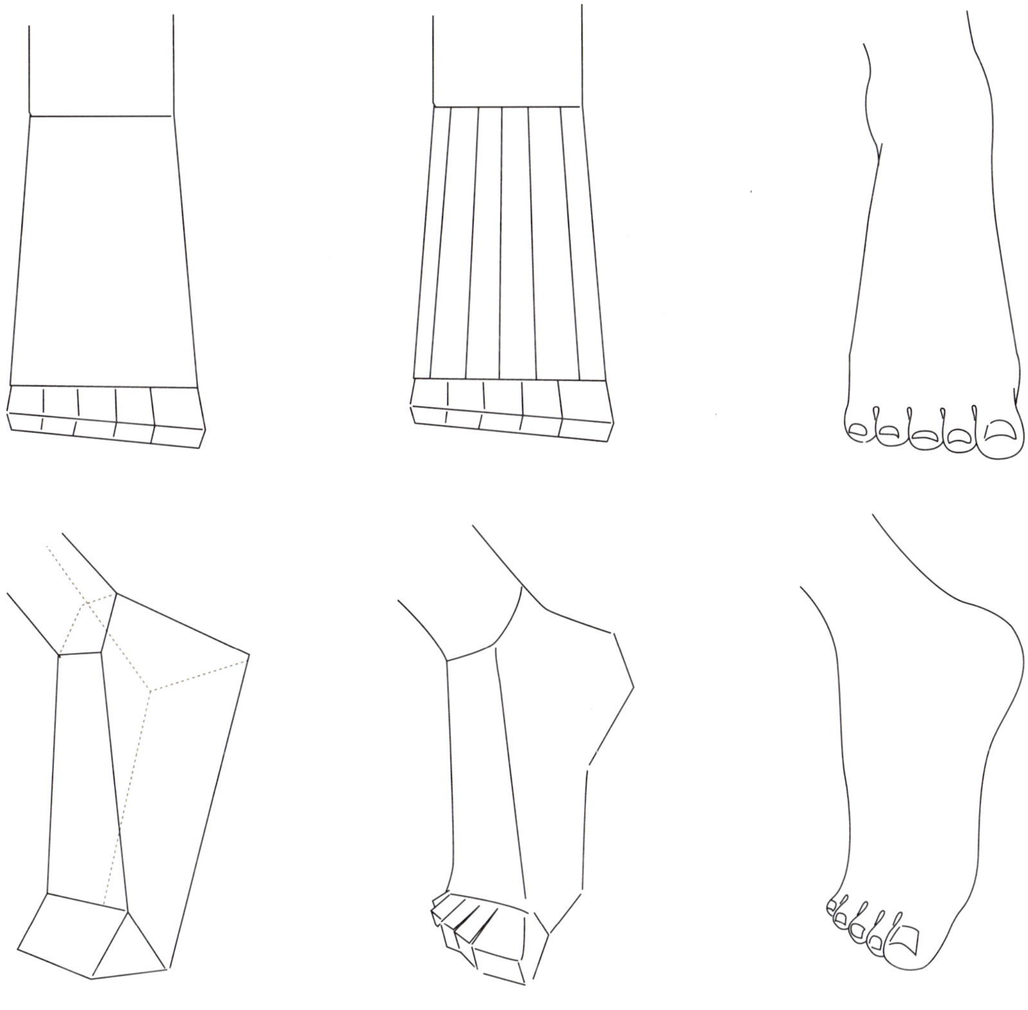

4. 다리

(1) 다리의 이해

다리는 인체의 비율에 따라 길이가 달라지는데 일반적으로 8등신을 기준으로 할 때 허벅지와 종아리의 길이는 유사하다.

다리는 허벅지, 무릎, 종아리, 발목, 발가락이 있으며 주요 관절은 무릎과 발목이다.

허벅지에서 무릎, 무릎에서 발목으로 발을 만져보면 허벅지 살은 굵고 무릎으로 갈수록 가늘어지며 무릎과 발목은 뼈가 있어 단단하다.

다리의 근육을 잘 그리기 위해서는 허벅지와 종아리의 근육을 잘 이해해야 한다.

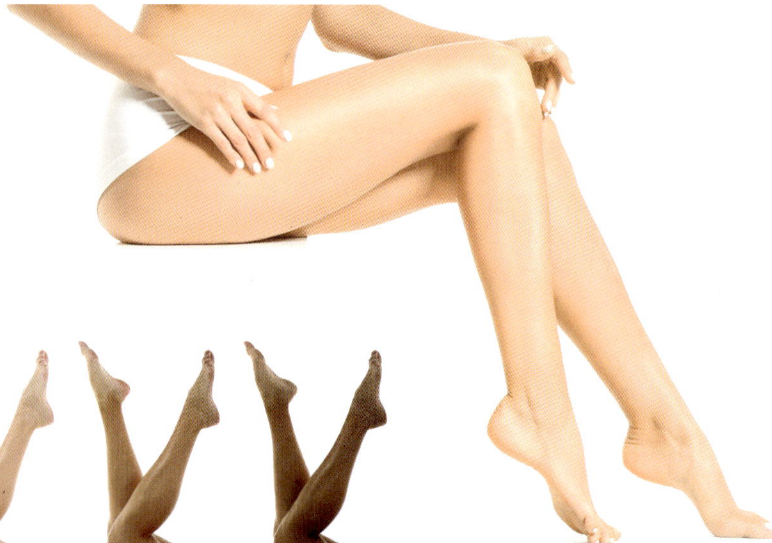

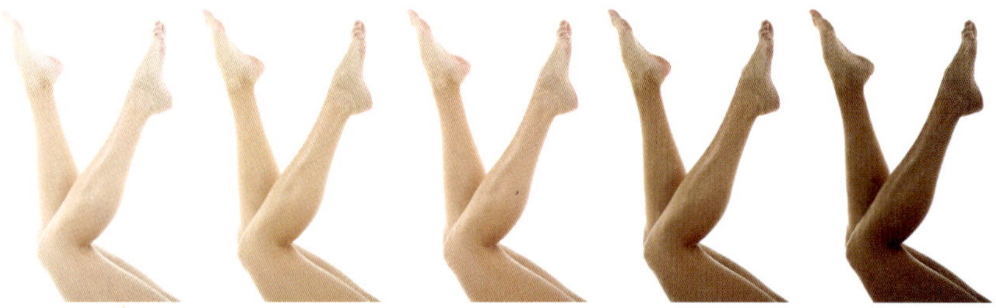

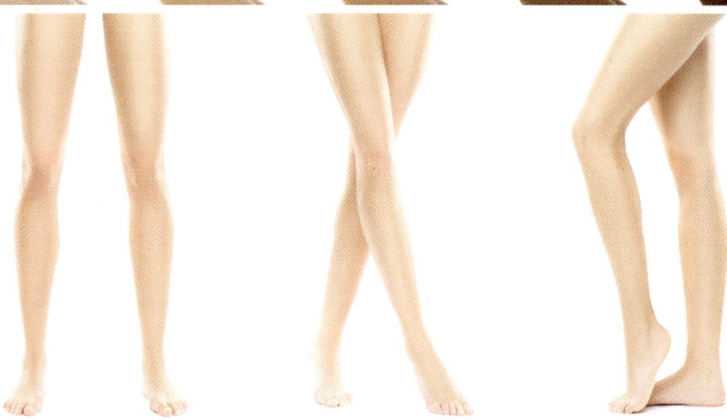

(2) 다리 실습

① 먼저 허벅지, 무릎, 발목으로 이어지는 관절을 동그랗게 그린 후 연결하고 다리를 그린다.

② 허벅지 근육은 바깥쪽은 자연스럽게 무릎과 연결하고 안쪽은 자연스럽게 연결하면서 무릎쪽에서 바깥근육과 맞닿아 연결하여 그린다.

③ 종아리 근육은 바깥 부분이 안쪽보다 위쪽에서 시작하여 볼륨이 생기고 안쪽은 바깥근육보다는 조금 아래에서 볼륨이 생겨 표현된다.(이때 바깥쪽 종아리가 안쪽 종아리보다 길다.)

④ 발목의 복사뼈는 안쪽을 높게 표현한다.

⑤ 발가락과 무릎 골격, 디테일한 근육을 표현한다.

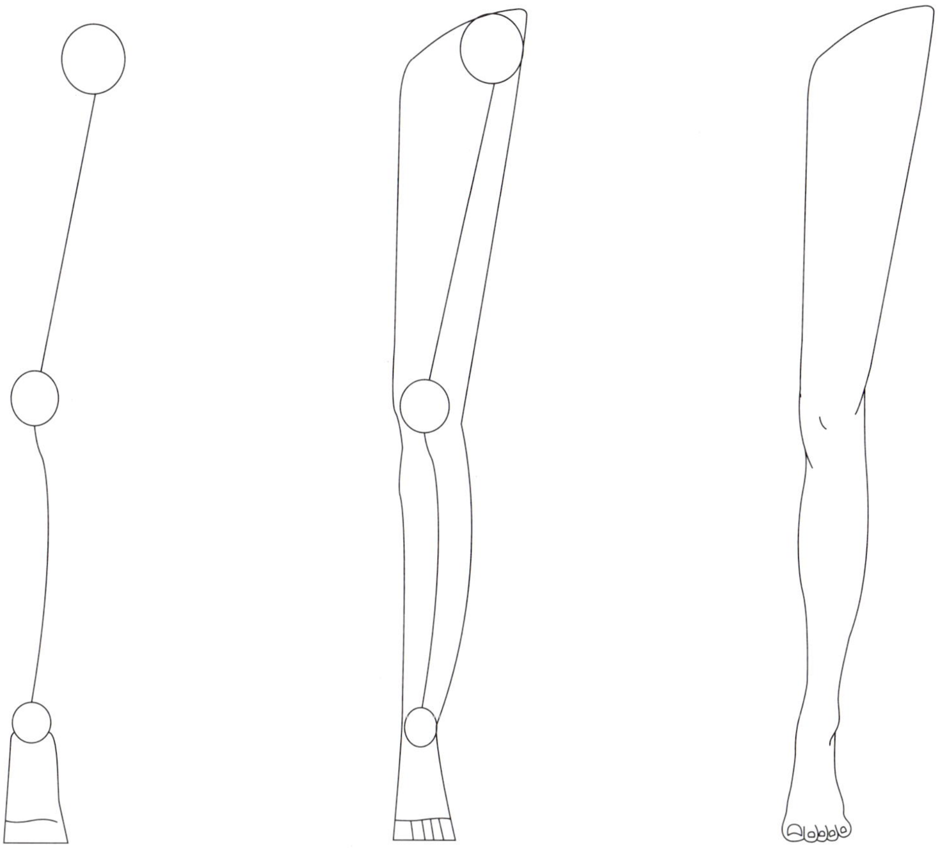

Weeks 10

바디의 이해 2

1. 비율에 따른 바디

바디의 비율은 머리 크기에 대한 신장의 비율을 말하며 머리 길이를 1로 했을 때 나머지 길이의 등분에 따라서 8등신, 9등신 등으로 표현한다. 이상적인 바디의 비율은 8등신이 이상적인 비례이나 시대와 문화에 따라 다르게 인식되기도 한다.

1. 8등신 실습

8등신을 가장 시각적으로 아름다운 비율로 두상의 길이를 1로 측정할 때 발끝이 8배가 되는 것을 말한다.

(1) 정면

① 중심선을 그리고 동일한 간격으로 8등분하여 기준틀을 그린다.

② 1칸을 3등분하여 큰 원과 작은 원을 그려 달걀형의 머리를 그린다.

③ 2칸의 1/2지점에 어깨 위치를 표시하고 3칸의 1/3지점에 가슴의 위치를 표시한다. (이때 어깨의 가로길이는 체형에 따라 달라질 수 있다.)

④ 3칸 2/3지점에 허리를 표시한다.

⑤ 어깨, 팔꿈치, 손목, 무릎, 발목의 관절을 표시한다.

⑥ 몸통은 어깨의 가로길이에 맞춰 엉덩이(4칸 3/4)까지 직선으로 그려 직사각형을 그린다.

⑦ 허리 가로길이는 직사각형 안쪽으로 표시한다.

⑧ 목의 폭은 얼굴의 약 2/3가 되도록 표시하고 2칸의 1/2지점의 1/2지점까지 직선으로 내려 어깨선과 연결한다.

⑨ 어깨~허리, 허리~엉덩이를 연결하고 관절의 중심을 기준으로 뼈의 방향을 그린다.

⑩ 손과 발의 덩어리를 그린다. (이때 손을 5칸까지 그린다.)

⑪ 팔과 다리의 모양을 그린다.

⑫ 전체적인 실루엣을 그린다.

⑬ 인체의 세부적인 부분과 근육을 그린다.

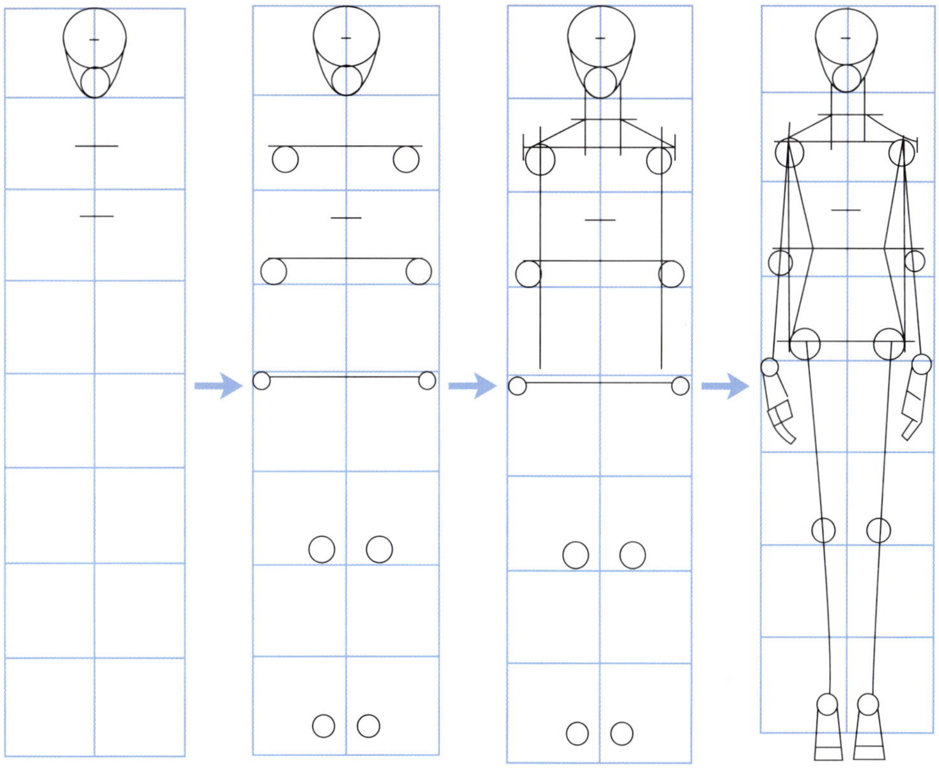

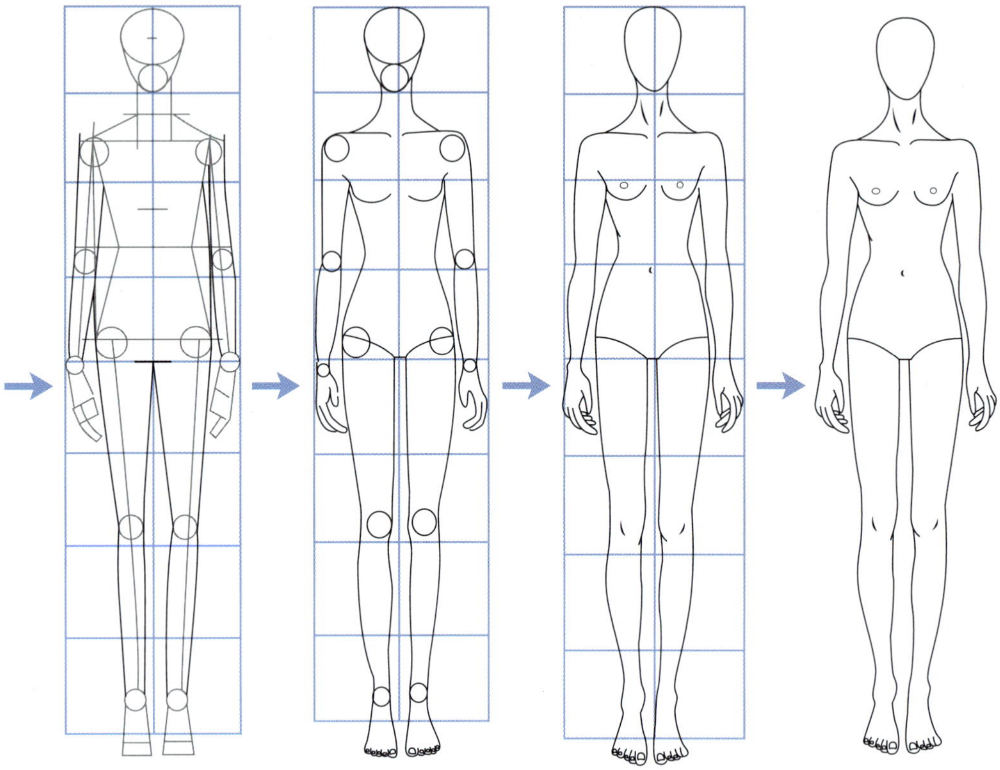

(2) 측면

① 중심선을 그리고 동일한 간격으로 8등분하여 기준틀을 그린다.

② 1칸의 중심에 귀를 그린 후 측면 머리를 그린다.

③ 2칸의 1/2지점에 어깨 위치를 표시하고 3칸의 1/3지점에 가슴의 위치를 표시한다.

④ 턱선을 얼굴에서 중심선에 어깨위치에 가까이 연결한다.

⑤ 3칸 1/3지점에 가슴과 3칸 3/5지점에 배를 표시한다.
(이때 가슴은 얼굴보다 앞으로 배는 얼굴보다 살짝 안으로 표시한다.)

⑥ 어깨, 팔꿈치, 손목, 무릎, 발목의 관절을 표시한다.
(이때 손목과 무릎의 위치는 중심선에 위치한다.)

⑦ 가슴과 배를 연결한다.

⑧ 어깨, 팔꿈치, 손목 관절의 중심을 기준으로 뼈의 방향을 그린다.
(이때 어깨~팔꿈치, 팔꿈치~손목의 뼈의 방향이 살짝 구부러져 있다.)

⑨ 2칸에서 등의 위치를 잡고 목과 연결한다.

⑩ 4칸에서 엉덩이의 폭과 위치를 표시한다.
(이때 엉덩이가 등보다 더 뒤로 나가 있다.)

⑪ 무릎과 발목의 관절을 연결하고 손과 발의 덩어리를 그린다.
(이때 손을 5칸까지 그린다.)

⑫ 팔과 다리의 모양을 그린다.

⑬ 전체적인 실루엣을 그린다.

⑭ 인체의 세부적인 부분과 근육을 그린다.

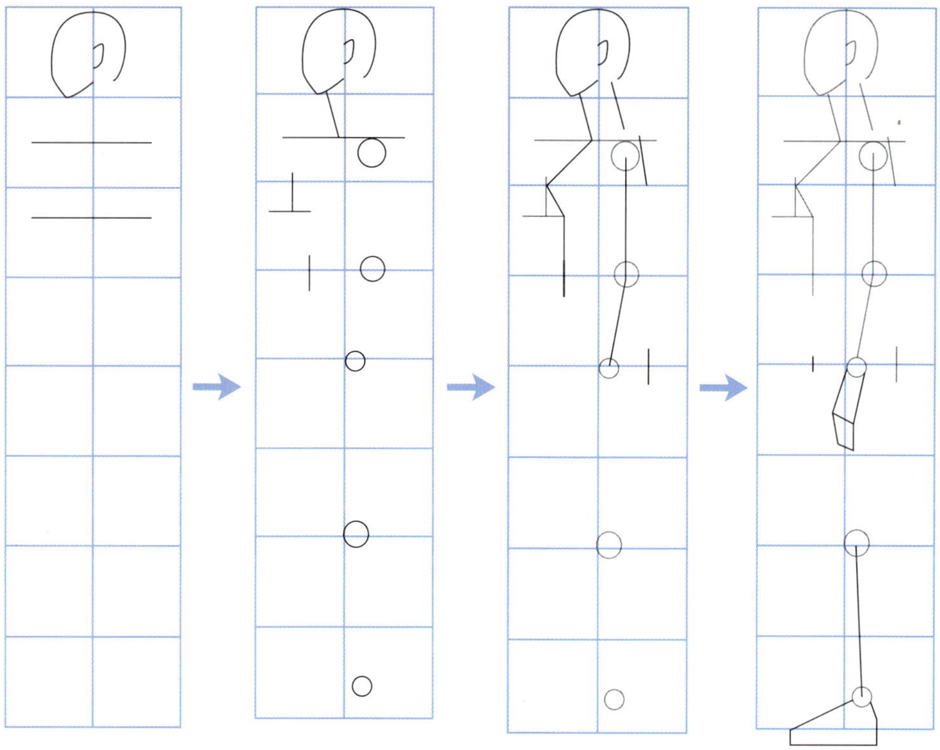

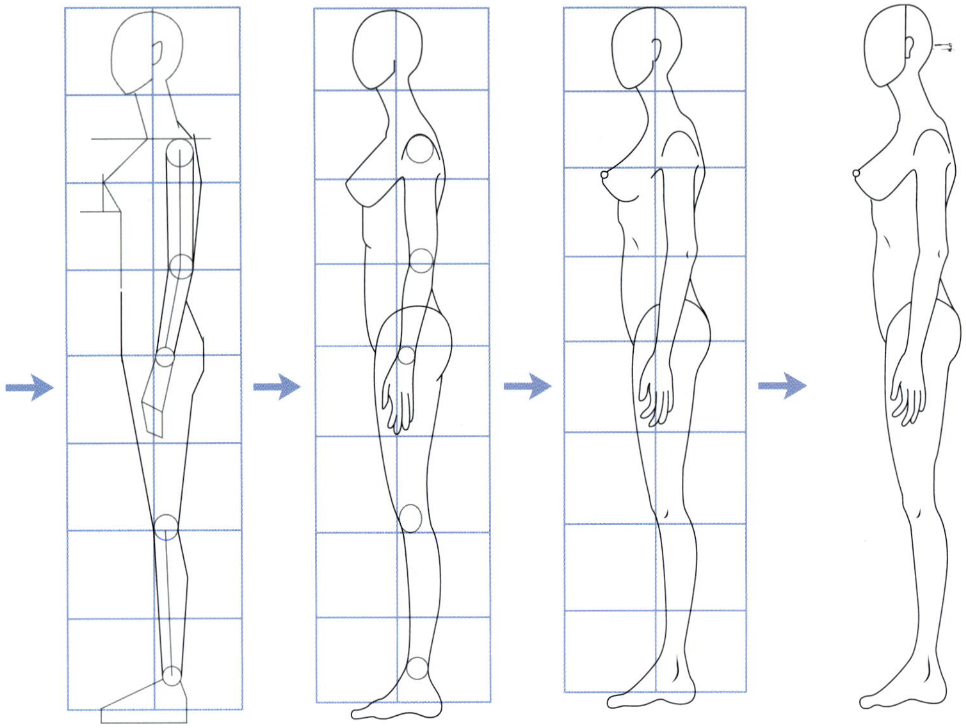

2. 9등신 실습

(1) 정면

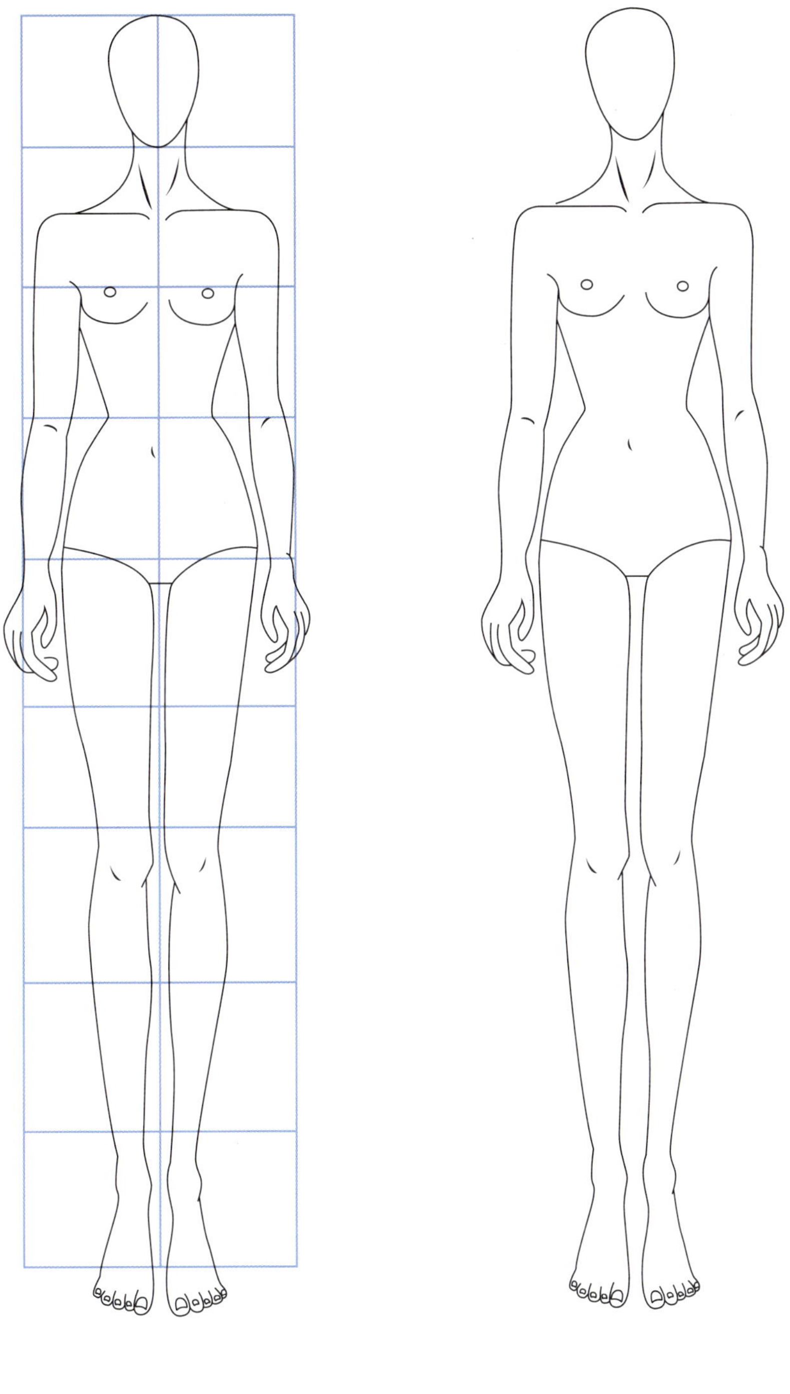

(2) 측면

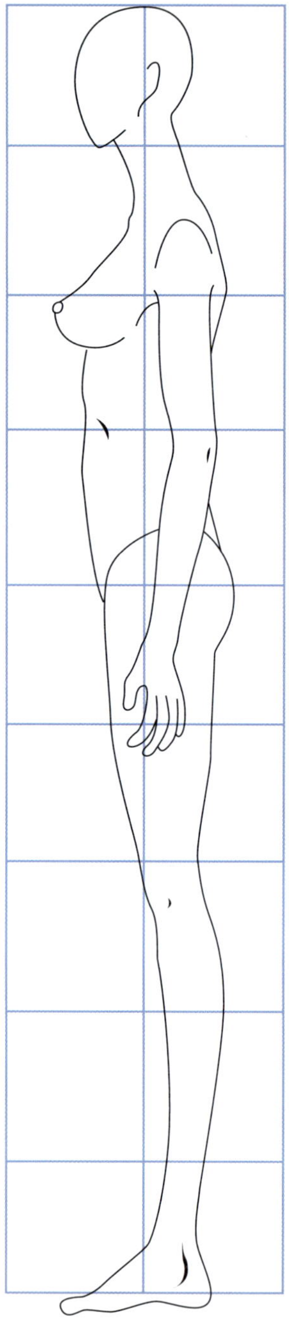

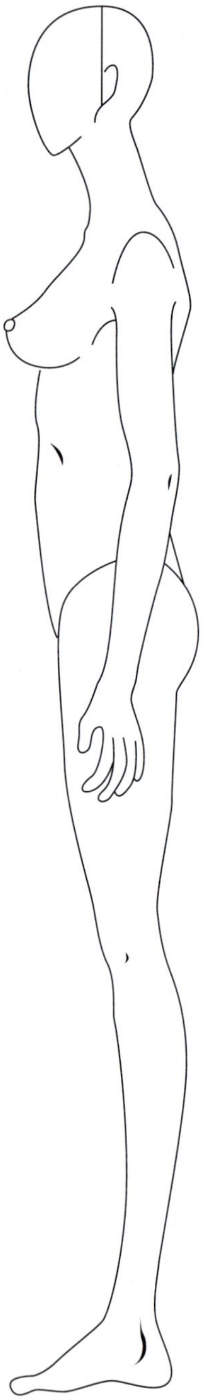

3. 다양한 바디포즈 실습

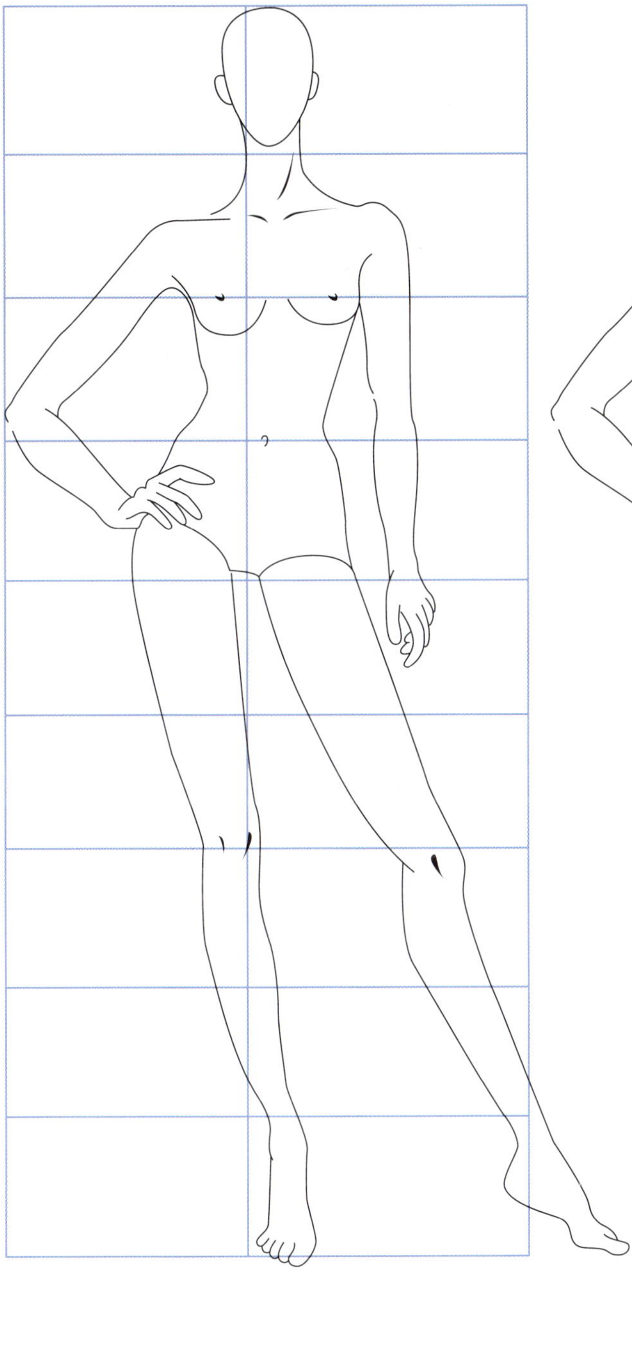

Chapter 7 패션·퍼스널 컬러 일러스트레이션

Weeks 11

패션 이미지와 일러스트레이션 1

현대 사회에서 패션 이미지는 자신의 개성을 표현하는 시각적 요소로서 사용되고 있다. 패션 이미지는 일반적으로 내추럴, 클래식, 엘레강스, 로맨틱, 모던, 매니시, 액티브, 에스닉, 아방가르드 유형으로 나뉜다.

1. 내추럴(natural) 이미지

자연스러운 이미지로 편안하고 소박하며 차분한 이미지로 표현된다. 인공적인 느낌보다는 자연스러운 것이 특징이며 주로 라이트 그레이시, 그레이시 톤을 중심으로 베이지, 캐멀, 카키 계열의 소프트한 색상 등을 사용하여 표현한다.

2. 클래식(classic) 이미지

유행과 상관없이 전통적이고 고전적인 이미지로 표현된다. 오랫동안 착용되어 세대를 초월한 보편적인 것이 특징이며 무채색과 딥톤을 중심으로 그린, 브라운 색상 등을 사용하여 표현한다.

3. 엘레강스(elegance) 이미지

우아하고 고상한 성숙함을 담은 성숙한 여성의 아름다운 이미지로 표현된다. 화려하기보다는 부드러운 곡선을 사용하여 고급스러움을 표현하는 것이 특징이며 소프트 톤을 중심으로 보라, 와인 계열의 색상 등을 사용하여 표현한다.

4. 로맨틱(romantic) 이미지

귀엽고 사랑스러우며 섬세한 소녀감성의 이미지로 표현된다. 섬세하고 부드러운 이미지를 표현하기 위해 페일톤을 중심으로 베이비 핑크, 크림옐로우, 피치 색상 등을 사용하여 표현한다.

6. 이미지맵 실습

Weeks 12

패션 이미지와 일러스트레이션 2

1. 매니시(mannish) 이미지

여성적인 면보다는 남성적인 이미지로 표현된다. 여성의 사회활동이 확대됨에 따라 매니시 이미지는 앤드로지너스, 유니섹스 형태로 표현되기도 한다. 직선적이고 단순한 도시적인 이미지로 표현되며 주로 무채색과 딥 그레이시 톤을 중심으로 블루계열의 색상 등을 사용하여 표현한다.

2. 액티브(active) 이미지

밝고 경쾌한 밝은 이미지로 젊음과 건강미, 생동감 있는 이미지로 표현된다. 생동감 있고 활동적인 이미지를 표현하기 위해 비비드 톤을 중심으로 배색을 이용하여 표현한다.

3. 에스닉(ethnic) 이미지

소박하고 전원적인 민속적 이미지로 표현된다. 토속적이고 민족풍의 기하학적인 추상적 이미지를 표현하기 위해 다양한 색상의 배색기법을 사용하여 표현한다.

4. 아방가르드(avant-garde) 이미지

기존의 예술사적 전통을 거부하고 예술과 비예술의 틀을 없애 극단적인 새로움을 자유롭게 표현한 급격한 진보적 성향의 이미지를 말한다. 비대칭적이고 과장된 실루엣, 미니멀리즘 등에 유머와 재미를 더해 표현된다. 다양성과 독창적인 이미지를 표현하기 위해 무채색과 다크, 다크 그레이시 톤을 사용하여 표현한다.

5. 이미지맵 실습

Weeks 13

퍼스널 컬러와 일러스트레이션

1. 퍼스널 컬러의 이해

1. 퍼스널 컬러의 개념

(1) 퍼스널 컬러 시스템(PCS: Personal Color system)

괴테의 '모든 색에는 노랑과 파랑의 두 극 사이에 든다.' 라는 색채 이론에 근거하여 출발한다. 괴테의 빛은 노란색과 어둠의 파란색으로 분류하는 양극화 이론을 성립하였고, Yellow base와 Blue base의 색 체계를 이루는 기초가 되었다.

20세기 초 독일의 미술조형학교인 바우하우스 스쿨의 요하네스 이텐 교수에 의해 컬러 분석이 시작되어 사계절에 대응시키는 방법이 제안되었다. 이를 실용화시킨 대표적인 인물인 심리학자 캐롤 잭슨은 저서 'color me beauitiful' 에서 사람의 이미지를 4가지로 분류하여 패션과 메이크업 등을 제안하였다.

퍼스널 컬러는 개인의 타고난 신체 색상으로 피부, 머리카락, 색을 가리키며, 자신이 지니고 있는 신체색과 조화를 이루어 얼굴에 긍정적 이미지를 형성할 수 있도록 하는 개개인의 컬러로 객관적으로 봐서 개인의 어울리는 색(건강해 보이는 색)을 찾는 것이다.

퍼스널 컬러를 파악하는 것은 자신의 이미지 관리와 개성 있는 이미지 연출을 위한 효과적인 방법이다.

2. 퍼스널 컬러와 신체색

퍼스널 컬러의 신체색을 판단하는 기준은 다음과 같다.

먼저 육안으로 피진단자의 손바닥, 팔목 안쪽, 뒷머리 두피, 모근, 눈동자 홍채색을 살펴본 후 따뜻한 기운의 옐로 베이스(yellow base)의 웜(warm)톤과 차가운 기운의 블루 베이스(blue base)의 쿨(cool)톤으로 구분한다. 동양인의 경우 대부분 옐로 베이스(yellow base)를 갖고 있기 때문에 웜(warm)톤의 경우 노란빛 피부를, 쿨(cool)톤의 경우 붉은빛 피부나 검은피부로 구분한다.

그리고 톤에 따라 라이트(light)와 딥(deep)으로 구분하여 웜(warm)톤이면서 라이트(light)는 봄, 웜(warm)톤이면서 딥(deep)은 가을로 계절을 구분하며, 쿨(cool)톤 중 라이트(light)는 여름, 딥(deep)은 겨울로 계절을 구분하여 유형을 진단한다.

(1) 봄 유형(spring type) 신체 색상

① **피부색 :** 노르스름한 피부에 옐로 베이지가 혼합된 피부로 밝고 투명하다.

② **머리카락색 :** 밝은 황색으로 비교적 밝은 편이다.

③ **눈동자색 :** 골든 브라운, 밝은 갈색 등 비교적 밝은 편이다.

봄웜톤

(2) 여름 유형(summer type) 신체 색상

① **피부색** : 불그스름한 피부에 로즈 베이지가 혼합된 피부톤은 중간정도로 붉은 경향을 띤다.

② **머리카락색** : 중간색으로, 밝은 회갈색, 흑갈색, 로즈 브라운이 많다.

③ **눈동자색** : 흐린 빛의 회색이 가미된 로즈 브라운, 그레이 브라운이 많다.

여름쿨톤

(3) 가을 유형(autumn type) 신체 색상

① **피부색** : 노르스름한 피부에 골든 베이지가 혼합된 피부로 멜라닌 색소가 많아 쉽게 타며 잡티, 기미가 짙고 혈색이 없다.

② **머리카락색** : 어두운 색으로 짙은 적갈색이거나 목탄처럼 불투명한 검은색이 많다.

③ **눈동자색** : 어두운 색을 지닌 브라운과 검정, 다크 브라운 계열로 깊고 어두운 편이다.

가을웜톤

(4) 겨울 유형(winter type) 신체 색상

① **피부색** : 푸르스름하고 핑크 베이지가 혼합된 피부로, 유난히 희고 푸른빛의 창백한 피부가 대부분이며 올리브 계열의 회색이나 흑색이 가미된 짙은 피부인 경우도 있다.

② **머리카락색** : 푸른빛을 지닌 어두운 색으로 블루 블랙이거나 회갈색이 많다.

③ **눈동자색** : 검은색이거나 밝은 회갈색의 선명한 톤이 많다.

겨울쿨톤

3. 퍼스널 컬러 진단

다음 표의 이미지를 보고 해당하는 곳에 표시하시오.

항목	선택
계절	☐ 봄 ☐ 여름 ☐ 가을 ☐ 겨울
톤	☐ Warm ☐ Cool
피부색	☐ Yellow base ☐ Blue base
머리카락 색	☐ 밝음 ☐ 어두움
눈동자 색	☐ 밝음 ☐ 어두움

항목	선택
계절	☐ 봄 ☐ 여름 ☐ 가을 ☐ 겨울
톤	☐ Warm ☐ Cool
피부색	☐ Yellow base ☐ Blue base
머리카락 색	☐ 밝음 ☐ 어두움
눈동자 색	☐ 밝음 ☐ 어두움

항목	선택
계절	☐ 봄 ☐ 여름 ☐ 가을 ☐ 겨울
톤	☐ Warm ☐ Cool
피부색	☐ Yellow base ☐ Blue base
머리카락 색	☐ 밝음 ☐ 어두움
눈동자 색	☐ 밝음 ☐ 어두움

항목	선택
계절	☐ 봄 ☐ 여름 ☐ 가을 ☐ 겨울
톤	☐ Warm ☐ Cool
피부색	☐ Yellow base ☐ Blue base
머리카락 색	☐ 밝음 ☐ 어두움
눈동자 색	☐ 밝음 ☐ 어두움

2. 퍼스널 컬러와 이미지

1. 봄 이미지

봄 유형의 이미지는 경쾌하고 어려보이며 따뜻하고 귀여운 이미지이다.

화이트리쉬, 페일, 라이트, 비비드 톤을 중심으로 노랑, 주황, 초록 색상을 사용하여 화사하고 귀엽게 표현할 수 있다.

① 메이크업 스타일

밝은 색과 중간색을 사용하여 밝고 부드럽게 피부를 표현하고 아이라인과 눈썹은 밝은 브라운 색상을 사용하여 강하지 않게 표현한다.

② 헤어스타일

굵은 웨이브나 단발머리로 경쾌하고 귀엽게 연출한다.

③ 패션 스타일

밝은 색상을 사용하여 밝고 활동적인 이미지를 연출한다.

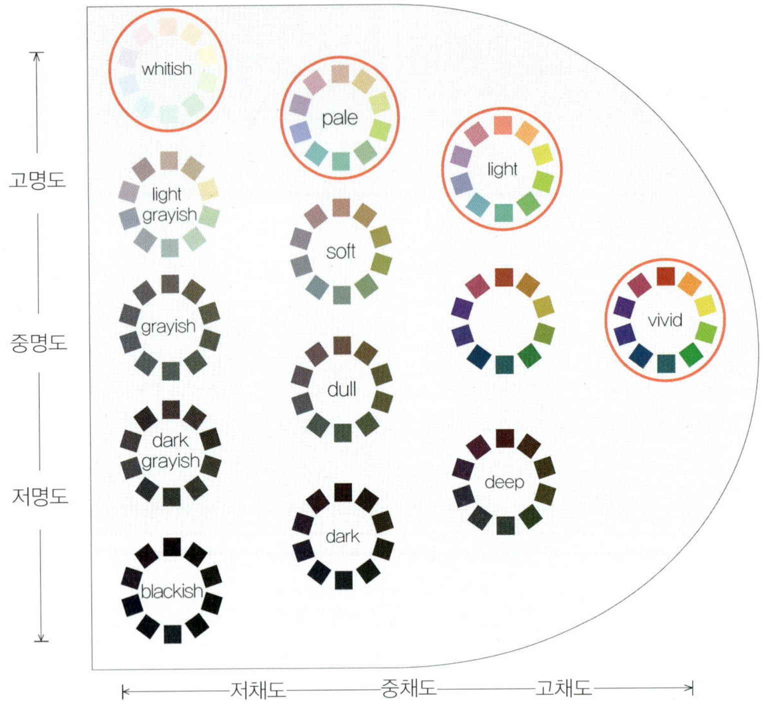

2. 여름 이미지

여름 유형의 컬러 이미지는 자연스럽고 산뜻하며 여성스럽다. 부드러운 블루, 퍼플, 핑크 계열의 파스텔 톤으로 자연스럽고 페미닌(feminine) 이미지가 많다.

여름 유형에 어울리는 코디네이션 여름 유형은 부드럽고 자연스러우며 우아하고 여성스러운 이미지를 연출하는 것이 효과적이다.

① 메이크업 스타일

핑크빛을 살려 피부를 표현하고 아이라인과 눈썹은 회색이 들어간 검정 계열로 부드럽게 표현한다.

② 헤어스타일

굵은 웨이브나 긴 스트레이트를 하여 여성스럽고 우아하게 연출한다.

③ 패션 스타일

부드러운 색상을 사용하여 우아하고 세련된 이미지를 연출한다.

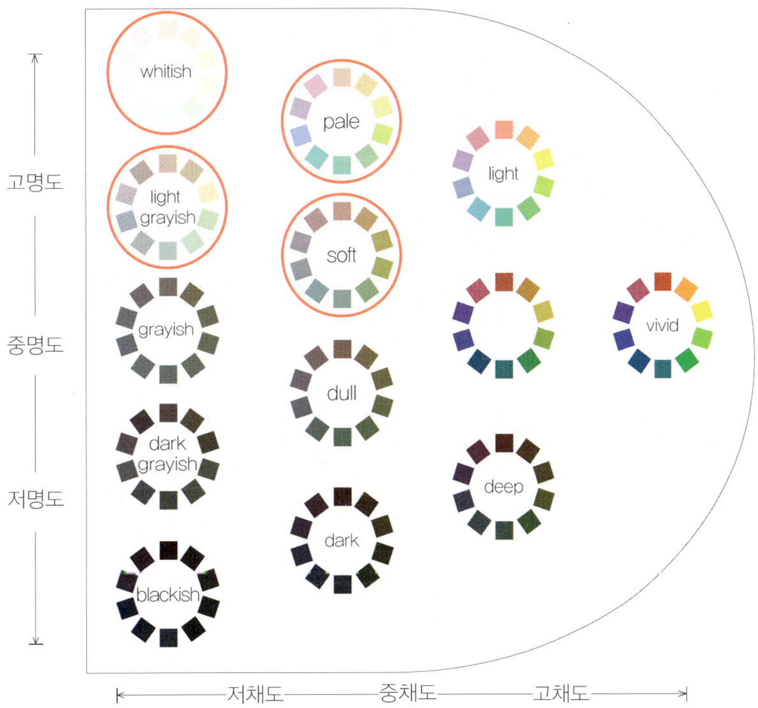
고명도
중명도
저명도
whitish
light grayish
grayish
dark grayish
blackish
pale
soft
dull
dark
light
deep
vivid
저채도
중채도
고채도

3. 가을 이미지

가을 유형의 이미지는 원숙한 클래식, 엘레강스, 에스닉 이미지이다.

스트롱, 딥, 다크, 덜, 소프트, 그레이쉬 톤을 사용하여 골드, 브라운, 카키, 코랄, 핑크, 와인 색상을 사용하여 성숙하고 고급스러우며 품격 있는 이미지를 표현할 수 있다.

① 메이크업 스타일

깊이 있는 색조를 사용하여 그라데이션으로 표현하고 깊이감 있게 표현한다.

② 헤어스타일

굵은 웨이브나 긴 머리에 볼륨감을 주어 고급스럽고 기품 있는 스타일을 연출한다.

③ 패션 스타일

온화하고 차분한 색상으로 원숙하고 이지적이며 성숙한 이미지를 연출한다.

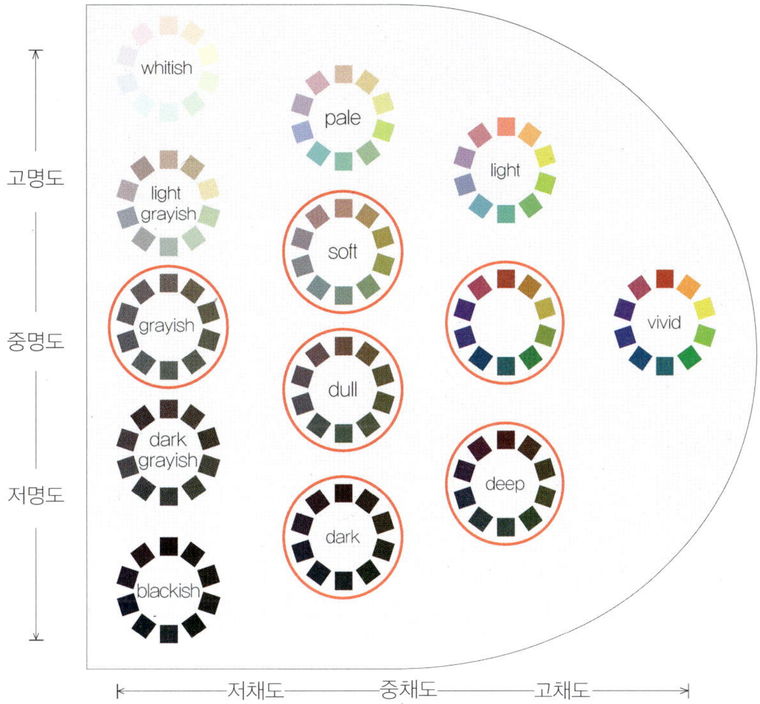

4. 겨울 이미지

겨울 유형의 이미지는 도도하고 세련되며 도시적인 이미지이다.

화이트리쉬, 스트롱, 비비드, 다크, 블랙리쉬 톤과 무채색, 네이비, 마젠타, 와인 색상을 사용하여 활동적이고 도시적인 모던한 이미지와 다이내믹하고 액티브 이미지를 표현할 수 있다.

① 메이크업 스타일

강한 대비 효과를 사용하여 선명하게 눈매를 표현거나 입술만을 강조하여 깔끔하고 또렷하게 연출한다.

② 헤어스타일

짧은 쇼트커트나 깨끗한 포니테일로 깔끔하고 세련된 스타일을 표현한다.

③ 패션 스타일

대비감이 있는 색상을 사용하여 도시적이고 세련된 이미지를 연출한다.

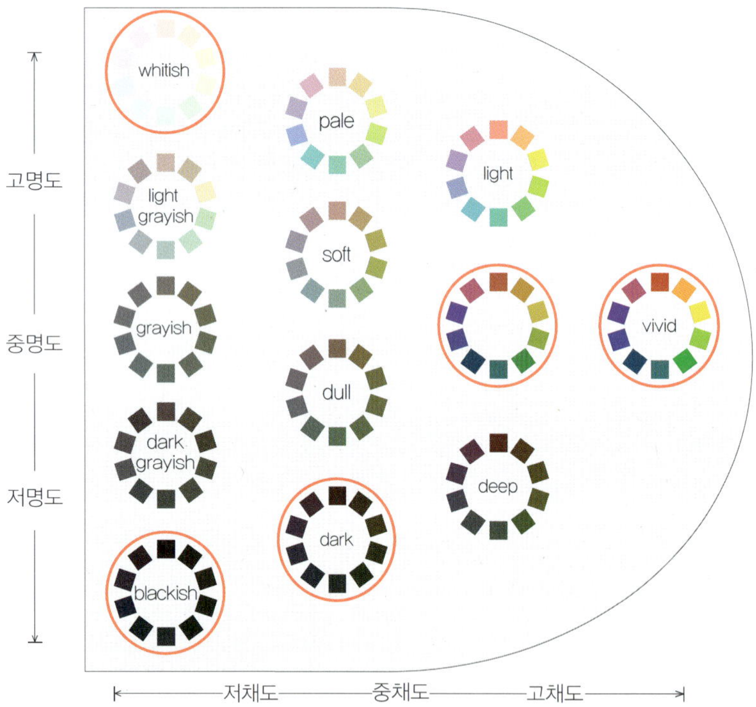

whitish
pale
light
light grayish
soft
grayish
vivid
dull
dark grayish
deep
dark
blackish
고명도
중명도
저명도
저채도
중채도
고채도

3. 퍼스널 컬러와 실습

자신의 퍼스널 컬러 계절에 맞춰 일러스트를 그려본다.

Weeks 14

뷰티 일러스트레이션 테스트 1

1. 색연필을 이용한 일러스트 실습

1. 얼굴 일러스트

※ 일러스트에 참고할 이미지를 붙이시오.

※ [부록] 191p를 이용하여 일러스트를 그린 후 붙여주세요.

2. 바디 일러스트

※ 일러스트에 참고할 이미지를 붙이시오.

※ [부록] 195p를 이용하여 일러스트를 그린 후 붙여주세요.

Weeks 15

뷰티 일러스트레이션 테스트 2

1. 콜라주를 이용한 바디 일러스트레이션

※ 일러스트에 참고할 이미지를 붙이시오.

※ [부록] 197p를 이용하여 일러스트를 그린 후 붙여주세요.

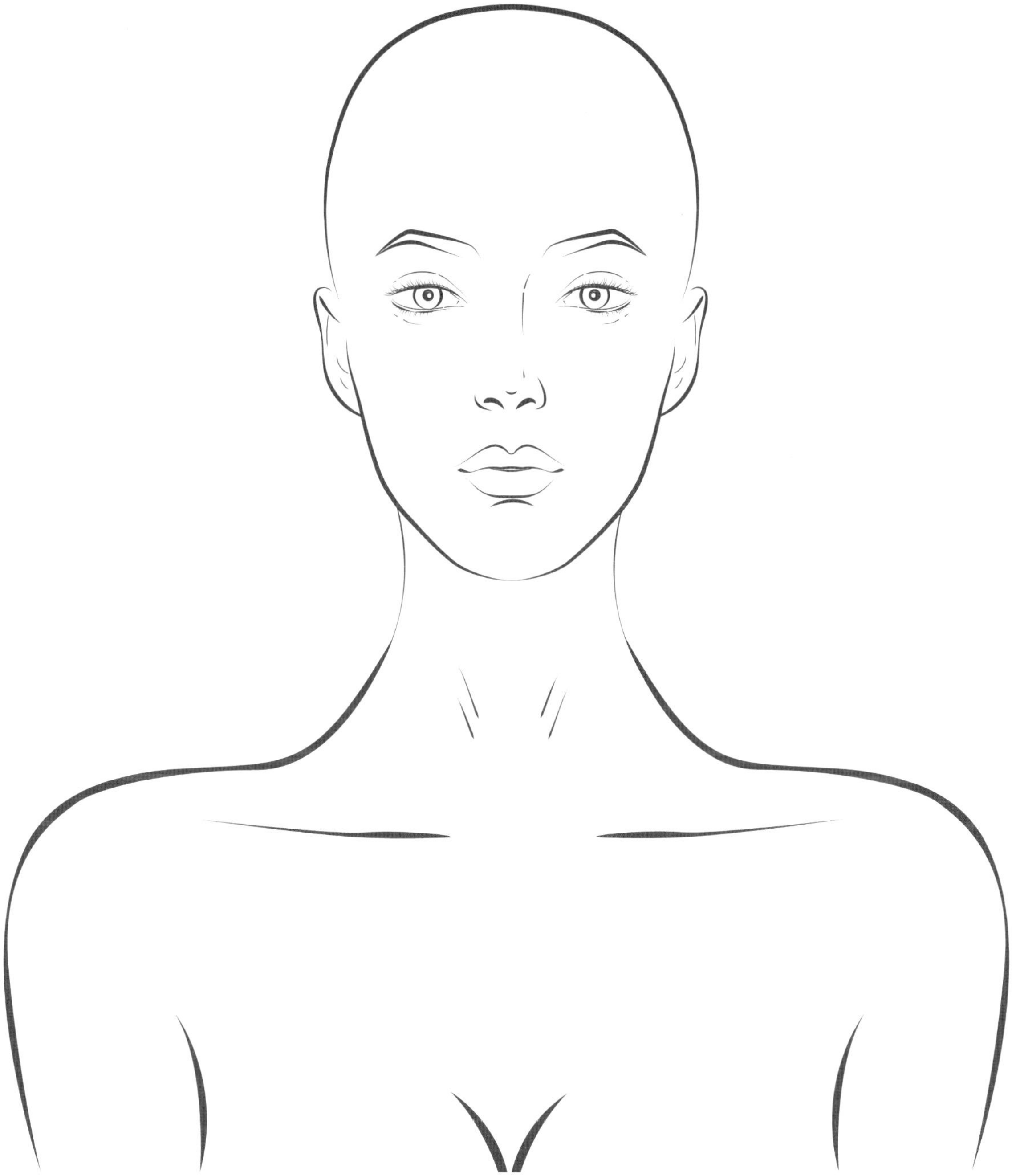

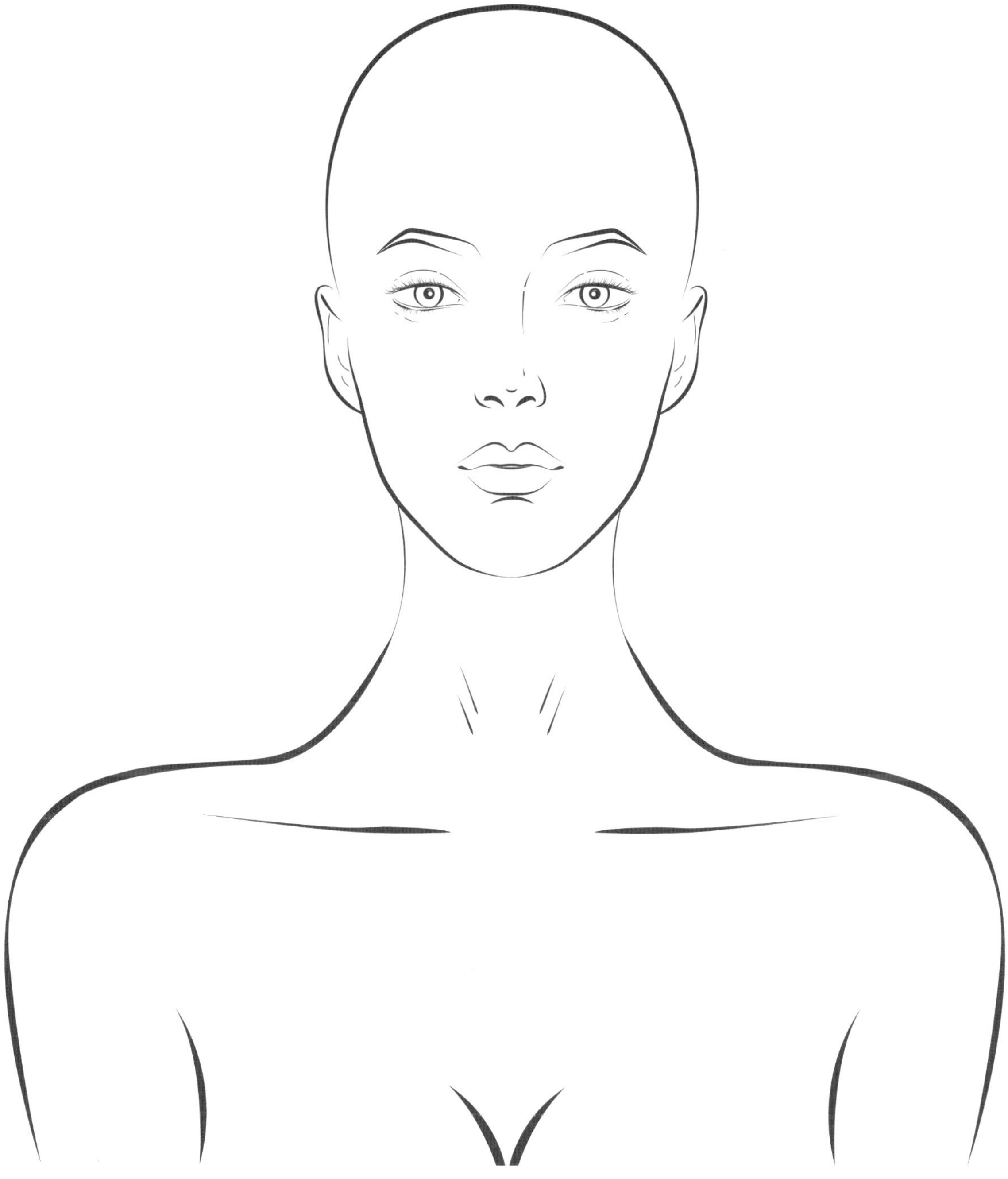

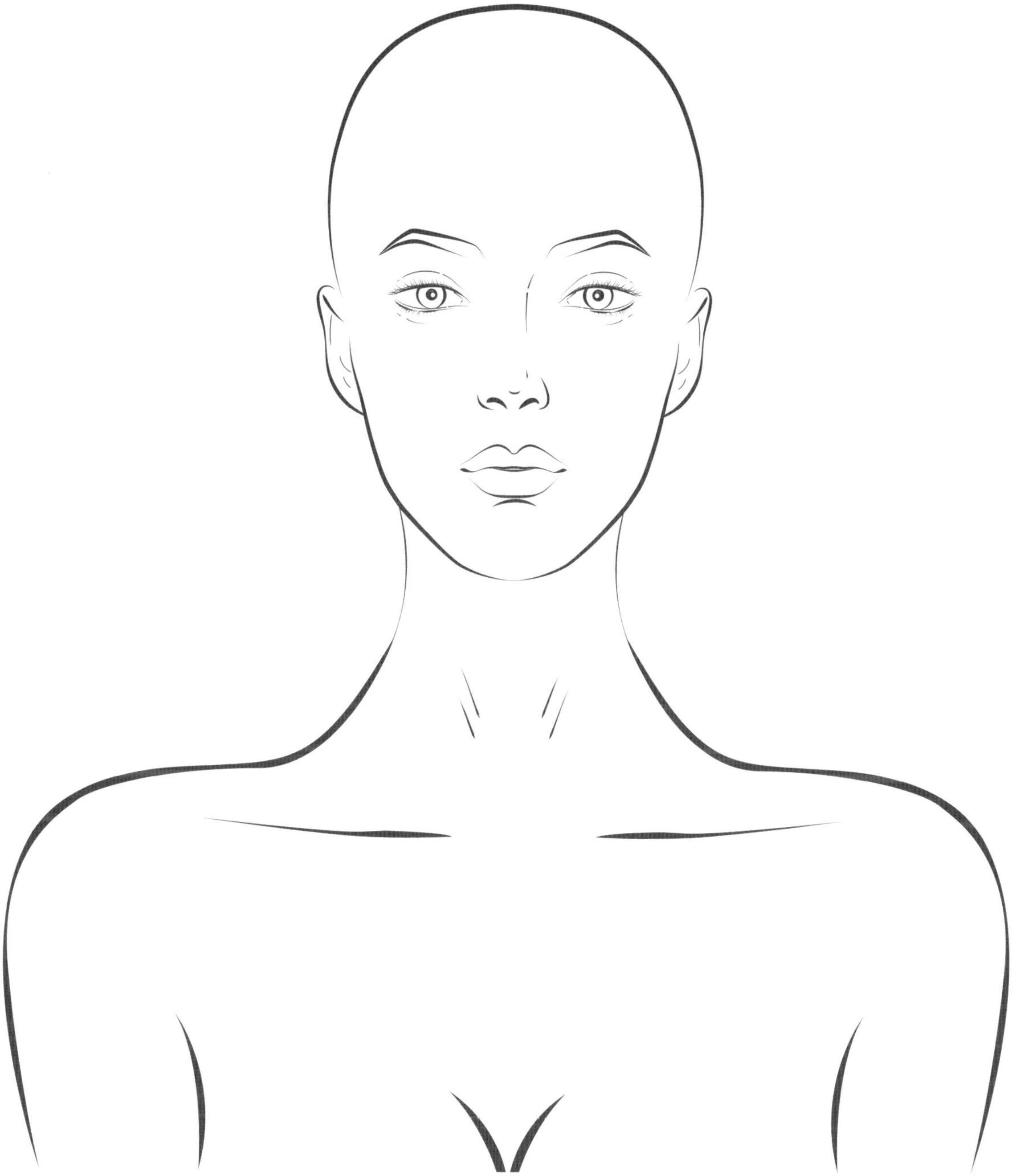

Illustration of Beauty

일러스트레이션 오브 뷰티

2023년 9월 15일 초판 인쇄
2023년 9월 20일 초판 발행

지은이 • 안진정 · 이지용 · 강지연 · 김선형 · 김은희
박선영 · 정철순 · 최정아 · 한인선 · 허정록
발행인 • 주병오 · 주민기
발행처 • 메디시인
주 소 • 경기도 파주시 회동길 209
파주출판문화정보산업단지
영업부 • 031-955-7566 · 7577
편집부 • 031-955-7731
F A X • 031-955-7730
홈페이지 • www.ji-gu.co.kr
전자우편 • jigupub@hanmail.net
등록번호 • 2005년 2월 16일
제 406-2005-000045호

ISBN 979-11-90839-97-6 가격 : 25,000원